自控锻炼对恶性肿瘤患者免疫机能影响的研究

王玉侠　著

西北工业大学出版社

【内容简介】 本书通过实验法,分别从红细胞免疫、红细胞抗氧化、淋巴细胞免疫等相关方面论证了24周自控锻炼对恶性肿瘤患者手术后身体免疫机能的影响,对于常规治疗后恶性肿瘤患者的康复具有一定的指导意义。

本书适合运动人体科学、运动康复专业的本科生、研究生及相关研究人员和爱好者阅读与参考。

图书在版编目(CIP)数据

自控锻炼对恶性肿瘤患者免疫机能影响的研究/王玉侠著.—西安:西北工业大学出版社,2014.1

ISBN 978-7-5612-3905-6

Ⅰ.①自… Ⅱ.①王… Ⅲ.①体育锻炼—影响—肿瘤—免疫—研究 Ⅳ.①Q939.91

中国版本图书馆 CIP 数据核字(2014)第 012930 号

出版发行:西北工业大学出版社

通信地址:西安市友谊西路 127 号   邮编:710072

电　　话:(029)88493844　88491757

网　　址:www.nwpup.com

印　刷　者:陕西向阳印务有限公司

开　　本:727 mm×960 mm　1/16

印　　张:7.125

字　　数:117 千字

版　　次:2014 年 1 月第 1 版　　2014 年 1 月第 1 次印刷

定　　价:28.00 元

前　言

21世纪以来，静坐少动方式引起的肥胖、血脂异常、糖尿病、恶性肿瘤等慢性疾病成为全球性公共卫生问题，尤其是恶性肿瘤带给人们的生理上的痛苦及沉重的经济负担而导致的心理压力，往往造成生活质量的严重下降。研究认为恶性肿瘤患者往往死于常规治疗后的康复期，而非治疗期，所以，恶性肿瘤患者的康复成为目前亟待解决的问题。

在上海体育学院博士生导师王人卫教师的精心指导下，笔者对"自控锻炼对恶性肿瘤患者免疫机能影响"进行了研究。以实证研究为基础，通过对上海市癌症康复学校学员进行24周自控锻炼干预，并进行跟踪随访和相关指标测试，笔者设计并参与实验全过程，取得一些研究成果。在些基础上，笔者撰写本书。

本书共分7章：第1章为绪论；第2章为自控锻炼对恶性肿瘤患者红细胞CD35和CD58表达的影响；第3章为自控锻炼对恶性肿瘤患者红细胞抗氧化能力的影响；第4章为自控锻炼对恶性肿瘤患者淋巴细胞亚群表面分子表达的影响；第5章为自控锻炼对恶性肿瘤患者血清β-内啡肽及IL-2的影响；第6章为恶性肿瘤患者红细胞、淋巴细胞及免疫调节因子各指标间的相关性分析；第7章为研究展望。本书适合运动人体科学、运动康复专业的本科生、研究生及相关研究人员和爱好者阅读与参考。

本书在实验设计及实施过程中，得到了导师王人卫教授的精心指导和帮助；在受试对象的组织和管理过程中，得到了上海市癌症康复俱乐部袁正平会长、卢慧娟主任以及其他教师的帮助和支持；在实验实施过程中，得到了俱乐部全体学员的理解、支持和配合；在实验材料的获取及方法指导过程中，得到了美国伊利诺斯大学朱为模教授、上海市第二军医大学血液科郭峰教授、上海体育学院运动科学学院分子生物实验室王茹主任的大力帮助；在实验过程中，还得到了师兄、师妹及同窗们的无私帮助。在此，谨向各位教师及同学表示最衷心的感谢和诚挚的敬意。

由于水平及所做研究的局限等，书中有不妥之处，请读者朋友指教。

著　者
2013年11月

目　录

第1章　绪　　论

1.1　问题来源

　　恶性肿瘤是目前严重威胁人类健康和生命安全的主要疾患之一。2011 年 2 月 4 日,世界卫生组织(World Health Orgnization,WHO)在世界癌症日发表《关于身体活动有益健康的全球建议》中指出,癌症是全世界首要的死因之一。2008 年,因癌症死亡人数高达 760 万人,约占所有死亡人数的 13%。所有癌症死亡的人数的 70% 以上发生在低收入和中等收入国家,预计全世界癌症死亡人数将继续上升,到 2030 年将超过 1 100 万人。尽管肿瘤被世界卫生组织定义为可控制的慢性非传染性疾病,但是因其发病率及死亡率高仍然被认为是人类重大疾患之一。有数据显示,近 30 年来,全球癌症发病例数以每年 3%～5% 的速度递增,其中新发病例数的 20% 在中国,24% 的癌症死亡病人在中国,目前,中国的恶性肿瘤生存率和治愈率仅为总发病例数的 13%。世界癌症研究基金会认为,中国每年 62 万例的癌症病人可通过健康饮食、定期体育锻炼及保持合理体重进行预防。有专家指出,目前发生的肿瘤,有 1/3 可以预防,1/3 可以通过早期诊断而治愈,1/3 可以经过合理治疗,提高生活质量。在评估导致全球死亡的因素中,WHO 指出,缺乏身体活动已成为全球范围死亡的第 4 位主要危险因素,占全球死亡归因的 6%。身体活动的缺乏对人们的总体健康以及恶性肿瘤等慢性疾病发病率具有主要影响。有研究报道,约 21%～25% 的乳腺癌和直肠癌、27% 的糖尿病和 30% 的缺血性心脏病是由于身体活动缺乏造成的。在肿瘤的预防和治疗中,通过增加身体活动、改善饮食结构、减少烟酒暴露等各种有效措施,大部分肿瘤患者是可以治愈或得到姑息治疗的。在高科技医疗手段及治疗下,恶性肿瘤患者 5 年存活率逐年提升。同时随着社会-心理-医学模式的发展,人们对生命目标的追求不仅仅是生存的数量,而更重视的是生活的质量。而医院对恶性肿瘤的常规治疗仍然以手术、化疗或/和放疗为主,这种治疗常常给患者带来沉重的经济负担及巨大的副作用,导致恶性肿瘤患者生存质量的下降。由于经济及科学的发展,肿瘤预防与治疗已经受到足够重视,但是治疗后的康复却仍然缺乏指导性和计划性。有研究报道,大多数患者是死于治疗后的康复期,而不是治疗期。所以,恶性肿瘤治疗后如何给予康复指导,促进患者身心健康是广大医务人员及相关科研人员关注的问题之一。运动锻炼能够改善机体心理状态,缓解精神压力,改善患者生存的生理机能,提高生活质量,在肿瘤康复过程中起到良好作用。

目前,全国各地涌现出的癌症康复学校、癌症康复俱乐部、癌症康复协会等相关社会团体的主要目的是对癌症患者进行康复指导,包括身体活动、营养补充及心理辅导等方面,以增强恶性肿瘤生存者机体免疫功能、增强自信心,提高生存率,改善其生活质量。但是有关身体活动在恶性肿瘤康复阶段的作用及其机制的研究还很少。

自控锻炼(郭林新气功)主要是以动静相兼、结合呼吸调整的一种自我锻炼形式,是在中国传统健身气功五禽戏的基础上发展而来的,是医疗和体育相结合的运动形式,属于中等强度的有氧运动,运动过程中摄氧量可达个体最大摄氧量的50%～60%。通过规律的锻炼,可预防和治疗疾病,促进身体健康。研究发现,自控锻炼是癌症病人常用的锻炼方法,在各种治疗中结合自控锻炼,可达到良好的效果。清华大学曾经对1980年开始学习自控锻炼的23名恶性肿瘤患者进行统计调查,结果发现,5年生存率约为87.0%,能够正常上班的人数约占5年生存率总人数56.5%,生存质量良好;生存25年以上患者约占总人数的73.9%。来自上海癌症康复俱乐部2003年的调查结果显示,7 951名恶性肿瘤患者中,生存期超过5年的患者中85%以上是常年坚持体育锻炼者,其中80%为自控锻炼;2007年,对2 000余名生存期在10年以上的各种恶性肿瘤患者的统计结果显示,50%以上的人得益于自控锻炼。以上调查结果提示,自控锻炼能够延缓恶性肿瘤病人生存期、提高生活质量。然而,这些研究结果大都是以调查报告或临床观察获得的,尚缺乏规范的、严谨的随机跟踪研究和从生理生化指标方面阐述自控锻炼对恶性肿瘤患者康复期的积极意义。同年,由美国伊利诺伊斯州立大学、上海体育学院及上海市癌症康复俱乐部联合进行相关课题研究,并取得初步成果,从对术后康复期恶性肿瘤患者长期坚持自控锻炼的能量代谢特点、机体免疫机能及自由基代谢机能的变化,到长期坚持自控锻炼者生活质量的大样本量问卷调查,科学地解释了长期坚持自控锻炼对恶性肿瘤患者机体机能的影响。但这些研究都是建立于截面研究的基础之上的,仍然需要大量纵向跟踪研究以进一步探讨自控锻炼对康复期恶性肿瘤患者生活质量的影响及其相应机制,更好地为恶性肿瘤患者康复期通过体能锻炼改善机体机能状况,提高生活质量提供科学依据和理论指导。

细胞免疫被认为是机体抗肿瘤免疫反应的主要方式,研究认为 T 淋巴细胞和自然杀伤细胞(Nature Killer Cell, NK 细胞)的比例及功能变化与肿瘤的发生发展及转移密切相关。长期坚持有规律的身体锻炼可以改善机体免疫功能状态,而自控锻炼作为恶性肿瘤患者康复期的一种体能锻炼手段,究竟能够对患者淋巴细胞亚群及其功能产生哪些影响,需要长期跟踪研究。

红细胞免疫是近年来医学界研究的热点之一。我国学者郭峰经大量的研究证明红细胞不仅仅参与呼吸与代谢功能,还是血液循环中重要的天然免疫细胞,在抗肿瘤免疫反应中发挥重要作用。红细胞具有黏附各种肿瘤细胞、识别携带和杀伤抗原、清除循环免疫复合物及调控白细胞免疫等功能,红细胞免疫功能的发挥主要是借助于其膜上相关免疫分子 CD35,CD58 等实现的。而恶性肿瘤患者红细胞 CD35 分子数量下降,免疫黏附功能低下,清除免疫循环复合物能力降低,调控白细胞免疫功能下降。有研究报道,自控锻炼能够使恶性肿瘤患者康复的机理之一是因为它能提高恶性肿瘤患者机体免疫力,实现对神经—内分泌—免疫网络的整体综合性调节,使机体达到一种新的平衡,改善患者生活质量,使患者能够带癌生存。然而,身体锻炼对术后康复期恶性肿瘤患者红细胞免疫的研究,尤其是长期跟踪研究甚少。抗氧化酶系统是生物体内一类重要的能够清除自由基的生物活性物质。人类红细胞中含有丰富的抗氧化酶如超氧化物歧化酶(Superoxide Dismutase,SOD)、谷胱甘肽过氧化物酶(Glutathione Peroxidase ,GSH - PX)等,其主要生理功能是清除细胞呼吸代谢过程中产生的超氧阴离子、过氧化物和羟自由基,从而减轻细胞膜多不饱脂肪酸的过氧化作用,保护细胞膜结构的完整性,从而维持其正常的生理功能。研究认为,恶性肿瘤患者红细胞抗氧化酶活性低于健康人群。坚持身体锻炼可使机体抗氧化酶系统产生适应性改变,提高抗氧化能力,自控锻炼作为一种体育锻炼方式对于术后康复期恶性肿瘤患者红细胞抗氧化酶活性会产生什么样的影响?目前相关研究报道还很少。

β-内啡肽(β-endorphin,β-EP,β-END)是一类内源性吗啡样多肽,具有神经递质作用,能够使机体在各种应激状态下保持稳态平衡,血浆 β-EP 浓度过高会增加肿瘤发生风险。β-EP 可通过免疫细胞如淋巴细胞、NK 细胞、红细胞等膜上阿片肽受体实现免疫调节功能,然而 β-EP 对机体免疫功能的调节是一把双刃剑作用,适量低浓度 β-EP 对机体免疫功能具有促进作用,而高浓度的 β-EP 可产生免疫抑制,促使肿瘤发生发展。运动锻炼对血清 β-EP 的影响报道不一,仍需要进一步研究。白细胞介素-2(Interleukino-2,IL-2)是由活化的辅助性 T 细胞分泌的一种细胞增殖因子,与其受体相结合能够促进 T 细胞增殖,还可增强 $CD4^+$ T 淋巴细胞、NK 细胞、LAK 细胞的抗肿瘤免疫反应,促进活化 B 细胞增殖与抗体合成,在免疫调控和防止肿瘤生长过程中发挥重要作用。肿瘤患者内源性 IL-2 含量减少、活性降低,是影响肿瘤进一步发展、浸润和转移的重要因素之一。目前,IL-2 在临床上应用于肿瘤免疫治疗已经取得一定效果。有关运动对机体内源性细胞因子 IL-2 影响的研究结果认为:长期坚持身体锻炼可增加外周血 IL-2 的合成和分泌,有利于维持机体免疫功能。术后康复期恶性肿瘤患者长期坚持自控锻炼对外周血 β-EP 和 IL-2 水平影响如何尚不清楚。

1.2 研究目的和意义

随着 2007 年美国运动医学会关于"运动是良药"理念的提出,目前,已得到世界各国运动人体科学专业及医学专业专家级学者的认可,并已被广泛地应用于健身指导及慢性非传染性疾病患者的康复。对于恶性肿瘤患者而言,早在 1981 年,美国 Linda Bueetner 博士就提出了恶性肿瘤病人在康复过程中应该加入运动锻炼作为其康复手段之一。而在我国,20 世纪 70 年代,著名自控锻炼方法创编者(当时称为新郭林气功)郭林老师就在自身与恶性肿瘤抗争的实践中,把自控锻炼带到了恶性肿瘤患者康复人群中,鼓励并指导病友通过自控锻炼,达到群体抗癌、提高患者生活质量的目的。目前,我国各地自发组织的抗癌俱乐部已数不胜数,恶性肿瘤患者被组织到一起,交流病情、相互鼓励,并通过不同的运动锻炼提高身体机能及社会职能,从而提高生活质量。值得一提的是上海市癌症俱乐部(也被称为上海市癌症康复学校),该俱乐部成员即恶性肿瘤患者在经过肿瘤手术、放疗或化疗等常规治疗结束后,主要进行的运动锻炼形式为自控锻炼,并且收到了良好效果。本书主要是通过对该俱乐部新入学员(患者)进行为期 24 周的自控锻炼干预,探讨自控锻炼对恶性肿瘤患者在康复过程中红细胞免疫及其抗氧化功能、淋巴细胞亚群的表达及相关免疫调节因子的影响,为恶性肿瘤患者在常规治疗后的康复期,通过非药物疗法进行康复锻炼提供理论依据和科学指导,为自控锻炼对癌症患者免疫机体机能影响的研究提供资料。

1.3 相关文献综述

1.3.1 运动与恶性肿瘤患者红细胞免疫

1.红细胞免疫与恶性肿瘤

随着医学免疫学、运动免疫学的发展,人们对血细胞的认识也越来越深刻。近几十年的研究发现,红细胞在血循环中除具有气体运输及缓冲作用外,还发挥着重要的天然免疫功能。

红细胞免疫黏附的现象最早是由 Duke 发现的,他和同伴发现在抗血清和补体同时存在的调节下,锥虫可黏附到人类红细胞上。随后越来越多的实验证实了红细胞的免疫黏附现象。1981 年,美国学者 Siegel 在总结了前人的研究成果之后,发现红细胞具有多种免疫功能,提出了红细胞免疫系统的概念。我国学者郭峰教授研究认为,红细胞可直接黏附补体调理过的病原体及肿瘤细胞,但是在某些疾病状态下,红细胞免疫功能发生紊乱,如癌症、系统性红斑狼疮患者红细胞免疫黏附功能处于抑制状态,而银屑病病人红细胞免疫功能则出现亢进现象。

红细胞发挥免疫黏附功能的生物学基础主要是通过其膜蛋白分子及胞浆中的免疫相关物质实现的。红细胞能够表达多种天然免疫物质如 CD35（Ⅰ型补体受体，Complement Receptor Type Ⅰ，CR1），CR3，CD58（淋巴细胞功能相关抗原-3），CD44，CD55 及 CD59、趋化因子受体等及血清中相关细胞因子如红细胞免疫黏附抑制因子及促进因子等。根据美国学者 Fearon 实验所得数据，Siegel 等人经过计算认为，血液循环系统中 95％的 C3b 受体位于红细胞表面。同时由于红细胞/白细胞比值较高，循环免疫复合物在血循环过程中遭遇到红细胞的机会比白细胞大 500～1 000 倍，提示，在血循环中清除抗原-抗体-补体复合物的（Immune Coplexes，IC）过程中，红细胞比白细胞发挥更重要的作用。最新研究表明，结合了补体调理过的 IC 或被 CD35 抗体阻断后的红细胞膜 Ca^{2+} 通透性增强，变形能力增加，这种由 CD35 诱导的红细胞变形能力的增加与红细胞上 CD35 数量呈正相关，有利于红细胞携带 IC 通过微血管循环，进而移交给肝脾巨噬细胞。

红细胞是 T 淋巴细胞活性的调节器，可促进人外周血 T 淋巴细胞存活并能抑制激活诱导的细胞死亡和氧化应激。血液免疫反应路线图理论认为，抗原物质进行血循环后首先激活血浆中的补体并黏附其上，由补体调理后的致病原被红细胞黏附，经过一定处理后最后交给淋巴细胞、NK 细胞、粒细胞、巨噬细胞等白细胞，引起一系列免疫反应。在血液免疫反应过程中，红细胞免疫占有主干道地位，在补体系统的协助下红细胞是所有白细胞（包括 T 淋巴细胞、B 淋巴细胞、NK 细胞、树突状细胞、粒细胞等）活性的调控者和指导者。

肿瘤患者红细胞 CD35 数量减少，活性降低，不仅导致红细胞对肿瘤细胞的调理吞噬作用功能降低，还导致免疫黏附复合物的清除障碍，造成循环血中免疫黏附复合物增高，破坏机体抗肿瘤免疫功能。同时红细胞免疫功能缺陷程度与癌细胞的转移有关。临床上观察到，乳腺癌、胃癌、食管癌等恶性肿瘤患者红细胞黏附肿瘤细胞能力降低，肿瘤红细胞花环率高低与手术后肿瘤发生转移与否具有相关性，手术切除肿瘤后可使患者红细胞免疫功能改善。

2. 红细胞免疫在运动应激中的变化

（1）运动强度与红细胞免疫 。运动对红细胞免疫功能的影响与运动类型、运动强度及运动持续时间密切相关。一般认为,规律性中等强度训练能够促进红细胞的免疫黏附功能;大强度间歇训练使红细胞免疫功能产生抑制;长时间大强度运动训练导致血液循环免疫复合物增多、清除缓慢,免疫力下降;力竭运动后出现继发性红细胞免疫功能低下,并且使红细胞长时间处于免疫抑制。力竭性运动导致红细胞免疫黏附功能受抑制的原因可能与运动中血循环免疫黏附复合物生成量增加、清除途径受阻有关。

急性运动或力竭运动可引起血乳酸浓度与血浆 β-内啡肽含量明显升高,应激激素分泌增加,红细胞膜流动性和变形能力下降,膜通透性和膜磷脂成分改变,导致红细胞和血清中脂质过氧化物 MDA 含量增加,从而影响红细胞 CR1 活性,红细胞免疫功能下降。另外,大强度的运动训练会导致机体内产生较多的酸性物质(如乳酸、酮体等),内环境发生改变,体内水分减少以及血液重新分配使流经肝脾的血量减少等因素,致使运动中产生过多的 IC 而清除途径受阻,红细胞 CD35 活性受到影响,从而出现运动后即刻红细胞 C3b 受体花环率降低,同时红细胞免疫复合物花环率升高的现象。

适度运动可使机体红细胞免疫功能增强,并且红细胞免疫功能的增强与体内红细胞数的增加有一定关系。太极拳、智能气功等有氧体育锻炼可有效提高红细胞免疫黏附功能。长期规律性运动可使红细胞 C3b 受体花环率增加,还可增强红细胞对白细胞的吞噬作用。在运动过程中,β-内啡肽的轻度升高,可以通过红细胞膜阿片肽受体而实现其免疫调节功能。

(2)运动与红细胞免疫调节因子。血清中存在着红细胞免疫黏附促进因子(Rossette Forming Enhance Factor, RFER)及抑制因子(Rossette Forming Enhance Factor, RFIR)。RFER 对于红细胞 CR1 免疫活性具有促进和提高作用,而 RFIR 则对 CR1 活性起抑制作用。正常情况下,血清中这一对调节因子处于动态平衡状态,且促进因子活性大于抑制因子活性。对于运动员的研究发现,安静状态下,运动员血清 RFIR 与普通健康人群无显著差异,而 RFER 却明显高于正常健康人群,且运动员组红细胞 C3b 受体花环率也明显高于对照组。提示红细胞免疫黏附促进因子对红细胞免疫黏附具有一定的促进作用。黄海等研究发现,体育系女大学生 RFIR,无论是在安静状态下或运动后即刻,还是运动后恢复过程中均显著低于普通系女大学生；两组之间的 RFER 在安静状态下无明显差异，但定量负荷运动后，体育系组 RFER 上升斜率明显增大，运动后即刻明显高于普系组，恢复 1h 后两组间无明显差异；RFER/REIR 比值变化与红细胞 C3b 活性变化趋势基本一致，表明了 RFER 及 REIR 对红细胞免疫功能的调控作用。红细胞免疫促进因子及抑制因子对红细胞免疫功能的影响的生物学机制如何，运动通过何种途径对 RFER 及 FEIR 进行调控，其具体机理如何还有待于更深入的研究。

自从红细胞免疫系统的概念提出至今，对于红细胞免疫功能的研究已逐步由细胞水平深入到蛋白、基因水平，研究范围由红细胞免疫物质基础拓展到机体整体免疫调控网络层面，研究类型由对红细胞免疫的基础研究向临床应用研究过渡。红细胞天然免疫已经被证实在血液免疫反应中占有主导地位，在机体整体免疫反应中发挥重要作用。随着红细胞免疫研究的进展和深入，临床上可通过检测红细胞免疫功能的变化了解一些疾病（如肿瘤、系统性红斑狼疮、肝炎、烧伤等）病情的发展及转轨，对于疾病的诊断、疗效预测具有一定的辅助作用。利用红细胞作为多种药物载体对于临床疾病治疗将具有更广泛的开发应用前景。

1.3.2 运动与恶性肿瘤患者氧化-抗氧化功能的研究

1. 氧化应激在恶性肿瘤发病中的作用机制

氧化应激是指机体内抗氧化剂相对不足而造成的氧自由基或活性氧 (Reactive Oxygen Species, ROS)产生过多，氧化程度超出氧化物的清除，氧化系统和抗氧化系统失衡，从而导致细胞或组织损伤。自由基或活性氧含量过多是引起机体衰老的根本原因，也是诱发肿瘤、糖尿病、心脏病、线粒体疾病等的重要原因。

在正常细胞代谢过程中会产生活性氧，诸如超氧阴离子（$\cdot O_2^-$）、过氧化氢（H_2O_2）及羟自由基（$\cdot OH$）等，低浓度 ROS 在细胞发生发展过程中起到调节作用，包括细胞分化、细胞周期及细胞凋亡等；参与细胞信号转导；调节细胞内 Ca^{2+} 浓度及蛋白质磷酸化进程、在转化生长因子-β1（Transforming Growth Factor - β1，TGF - β1）、血管紧张素-Ⅱ（Angiotensin - Ⅱ，AT Ⅱ）、纤维生长因子-2(Fibroblast Growth Factor-2，FGF-2)及内皮素等因子介导的通路中充当第二信使;还可以诱导细胞的促有丝分裂反应。通过调节转录因子 NF-κB 活性发挥调节机体炎症反应。过量的 ROS 可导致机体生理及病理变化,诸如细胞周期阻滞、细胞凋亡与老化、细胞内分子结构(如膜结构、脂类、蛋白质、核酸等)发生改变、缺血再灌注损伤及糖尿病并发症等。

氧化应激在恶性转化中起到重要作用,并且认为与脂质过氧化物水平增加有关。机体内 ROS 主要来源于细胞代谢及外界环境刺激。线粒体氧化磷酸化过程电子漏是产生 ROS 的主要途径之一;在多种酶的作用下,细胞在正常代谢过程中也会产生 ROS;单核细胞在吞噬异物如细菌、老化的细胞及转移的肿瘤细胞时等都会产生大量的 ROS;暴露于紫外线、抽烟、环境污染 γ-射线等环境中会导致机体 ROS 生成量增加;一些抗癌药物、麻醉药等也会导致氧自由基及 ROS 生成量增多。研究表明,肿瘤的各个发展阶段都与自由基反应有关。自由基能够使致癌物活化,启动肿瘤发生;ROS 可直接或间接作用与 DNA,使 DNA 断裂、变性,促使癌基因表达;肿瘤细胞内抗氧化酶活性极低,基因位点发生改变。

2. 氧化应激在 DNA 损伤导致肿瘤发生发展中的作用

在不同类型的肿瘤细胞中均可发现氧化应激导致细胞内氧化还原反应失衡,这种失衡状态刺激肿瘤的发生,氧化应激导致的 DNA 损伤及变异是启动肿瘤发生的关键步骤。DNA 损伤在启动肿瘤发生过程中发挥重要作用。

人类单个细胞每天平均要遭受到 1.5×10^5 次来自羟自由基(·OH)及其他活性粒子的攻击。·OH 可以与 DNA 分子的所有组分发生反应,对嘌呤和嘧啶碱基及核酸造成损害。·OH 和·H 通过加成反应造成对 DNA 链胞嘧啶和嘌呤碱基的损伤,进一步反应可使环破裂;·OH 还能氧化 DNA 分子中的戊糖,抽取氢原子,形成过氧自由基,使糖磷酸键断裂,释放碱基,引起 DNA 分子降解。这种氧化损伤导致的基因组分持续的改变是诱导基因突变、肿瘤发生及细胞老化的重要环节。由氧化应激诱导的 DNA 损伤包括 DNA 单链或双链断裂,嘌呤、嘧啶或脱氧核糖的改变,DNA 交联等,导致 DNA 复制终止、转导通路阻滞及错误信息的复制、染色体组的不稳定性等最终引起肿瘤发生。

电离辐射可导致尿液及白细胞中具有致癌作用的 DNA 氧化损伤标志物 8-氧鸟嘌呤核苷(8-oxo-7,8-dihydroguanine，8-oxo-G)含量增加，而抽烟产生的 ROS 导致尿液 8-oxo-G 增加 35%～50%，白细胞中 8-oxo-G 增加 20%～50%。重体力活动、工作压力大、抽烟的人 8-oxo-G 水平明显升高；中等强度的身体活动可以降低 8-oxo-G 含量。

线粒体 DNA(Mitochodrial DNA，mtDNA)氧化损伤也是肿瘤发病的机制之一，并且，mtDNA 对氧化应激的反应较核 DNA 更为敏感，原因在于：线粒体在氧化磷酸化过程中，所消耗的氧约有 5% 被还原为·O_2^- 及 H_2O_2；mtDNA 缺乏完整的核苷酸切除修复功能，DNA 修复功能有限；mtDNA 缺乏组蛋白的保护。

研究发现，癌症患者 mtDAN 内编码呼吸链酶复合物 Ⅰ，Ⅱ，Ⅲ 及 Ⅳ 的基因均有突变或表达变异现象。应用细胞质融合技术，将低转移性的小鼠肿瘤细胞株内源性 mtDNA 取代为高转移性线粒体 DNA；接受高度转移性 mtNDA 突变的肿瘤细胞具有较强的转移能力，这种突变包括 G13997A 和 13885insC 点基因编码的烟酸腺嘌呤二核苷酸(NADH)脱氢酶亚单位 6，NADH 基因突变导致呼吸链酶复合物 Ⅰ 活性受损，同时产生过多的 ROS，用 ROS 清除剂对高度转移性肿瘤细胞进行预处理可以抑制肿瘤细胞在小鼠体内的转移。表明，mtDNA 突变通过增加肿瘤细胞的转移在肿瘤发生发展过程中发挥作用。

3.氧化应激、细胞信号转导与肿瘤

细胞信号转导是指细胞通过胞膜或细胞内受体感受器感受信息分子的刺激，经细胞内信号转导系统转换，引发细胞内的一系列生物化学反应以及蛋白间相互作用，至细胞生理反应所需基因开始表达和各种生物学效应形成的过程。细胞信号转导的启动可能来自细胞内环境中的激素、生长因子、细胞因子及神经递质等，这些信号通过转录因子传递到细胞核，与特定 DNA 序列结合，调节 RNA 聚合酶 Ⅱ 活性，产生相应生理反应如肌肉收缩、基因表达、细胞生长及神经传导等。当细胞受到 ROS 等自由基刺激时，信号转导通路被激活，引起细胞内一系列反应。由于 ROS 没有复杂的结构及构象，化学性质又比较活泼，因此，它总能在与有机分子结合的第一瞬间与之发生反应。ROS 主要的攻击目标是半胱氨酸残基的巯基基团,氧化形成分子间或分子内二硫键。分子间二硫键的形成改变了蛋白质原有构象,从而影响 DNA 结合域及酶活性。过多的二硫键半胱氨酸二聚体可能对细胞内其他蛋白产生影响。

细胞因子信号转导通路:表皮生长因子受体(Epidermal Growth Factor Receptor,EGFR)、血小板衍生因子(Platelet – derived Growth Factor Receptor,PDGFR)、血管内皮生长因子(Vascular Endothelial Growth Factor,VEGF)等细胞因子配体/受体激活的信号转导通道能够产生 ROS,并且作为第二信使调节细胞增殖及凋亡等生理功能,而细胞因子受体功能异常与肿瘤的发生发展密切相关。氧化应激可激活金属蛋白酶活性,导致细胞膜对表皮生长因子通透性增加,激活其受体。研究表明,EGFR 在正常细胞内与细胞增殖有关,而肺癌及泌尿系统癌症患者 EGFR 则过量表达。致癌金属(钴、镍、砷等)及低氧诱导 VEGF 过量表达,导致细胞增殖及血管发生病变。活性氧自由基 H_2O_2 对 VEGF 具有强烈的激活作用。

促分裂原活化蛋白激酶(Mitogen – activated Protein Kinases,MAPK)信号通路 MAPK 属于一种丝氨酸/苏氨酸(Ser/Thr)蛋白激酶,是真核生物信号传递网络中的重要途径之一,能够把在氧化还原、能量平衡及基因调控中感受的应激信息与适应性改变偶联起来。细胞氧化状态对 MAPK 通路具有调控作用,超氧化物、H_2O_2 及活性氮等氧化还原产物能够激活 MAPK 通路,诱发 MAPK 级联反应,影响到细胞增殖、分化及凋亡,是引起肿瘤发病的机制之一。研究发现,皮肤癌、乳腺癌及宫颈癌患者中均存在 MAPK 通路的功能异常。

另外,机体内 ROS 还可以协同方式激活转录因子 NF – κB 和 MAP 激酶(丝氨酸/苏氨酸激酶)启动基因转录,影响肿瘤细胞的增殖。NF – κB 调节与细胞分化、增殖及炎症反应相关的基因,因此,NF – κB 活化作用与癌症发生发展密切相关。研究表明,血液肿瘤、直肠癌、乳腺癌及胰腺癌细胞株细胞内高表达 NF – κB 活性。ROS 作为第二信使通过 TNF 及 IL – 1 与 NF – κB 活化作用有关。氧化应激可直接作用于肿瘤抑制因子 P53 基因,导致其失活,促发细胞癌变。

4. 氧化应激、脂质过氧化与肿瘤

自由基介导的细胞膜损伤主要来自于脂质过氧化,这个过程可产生大量亲电子物质如环氧衍生物及醛类化合物。脂质过氧化物产物丙二醛（Malondialdehyde，MDA），是既对电子有高亲和力又对质子具有高亲和力的异构体。MDA 的这种特性使它既能与亲和物质反应，又能形成 MDA 低聚物。在细菌实验及小鼠实验中发现 MDA 与 MDA - MDA 二聚体能够诱导有机物质突变。MDA 与核酸反应可形成脱氧鸟苷、脱氧腺苷及脱氧胞苷加合物。引起 NDA 分子键的交联或 DNA 蛋白质之间的交联。DNA 是肿瘤形成的靶分子，MDA - DNA 加合物是诱导人类癌症发生的重要机制之一；MDA - DNA 加合物水平与细胞周期控制及基因表达密切相关。

MDA 攻击细胞内大分子及 NDA 形成 MDA - DNA 加合物是导致机体内源性 NDA 损伤及突变，可激活癌基因或抑制抑癌基因表达，诱发癌症及其他遗传性疾病。MDA 与 DNA 分子中脱氧鸟嘌呤（dG）反应生成（M1 - dG）可引起 G - T 转换和 G - A 转换的突变。乳腺癌正常乳房组织中 MDA - DNA 加合物显著高于健康对照，且癌症患者乳房组织中苯并芘样 DNA 加合物与 MDA - dA 加合物呈正相关。癌症患者体内 DNA 加合物含量增加可能是致癌物质增多、活性增加、解毒功能降低及 DNA 修复不够造成的结果。研究发现，胰腺癌癌症患者体内细胞色素 p - 450 酶含量明显高于非癌症对照，而具有解毒作用的酶如谷胱甘肽 S - 转移酶则明显偏低。这也可能是癌症患者体内 DNA 加合物增多的间接原因之一。

持续氧化应激/氧化抗氧化状态失衡可诱导肿瘤发生，研究发现，癌症患者血清羰基化蛋白、蛋白质氧化产物及 8 羟基脱氧鸟苷（8 - hydroxy - 2'- deoxyguanosine，8 - OHdG，8 - oxo - dG）水平明显高于健康对照；血清抗氧化酶活性及 VC 和 VE 浓度明显低于对照，提示癌症患者机体存在氧化应激，且这些指标对于评价癌症治疗及预后具有重要作用。

5. 运动对机体氧化应激的影响

（1）运动降低氧化应激诱导的 DNA 损伤。运动锻炼能够使机体抗氧化酶系统产生良好的适应，保护机体免受自由基对生物大分子造成的氧化损伤。规律锻炼能够提高蛋白酶体复合物活性，这种复合物可降低蛋白质氧化修饰。耐力运动能够使 DNA 修复酶基因的表达上调，信使 mRNA 量增加，白细胞

DNA 中 8-OH-dG 水平降低;DNA 切除修复酶 hOGG1 的活性提高;降低氧化应激诱导的 DNA 损伤。对于癌症患者,运动锻炼包括抗阻力训练能够降低 DNA 氧化损伤程度,延缓肿瘤发展,改善患者荷瘤状态下的生存状态。国外动物实验结果表明,有规律的跑台运动能够明显提高老年大鼠(21 月龄)肝脏细胞核 DNA 修复酶 OGG1 活性,使老年大鼠肝脏细胞核及线粒体 DNA 8-OH-dG 含量降低至与青年大鼠(11 月龄)水平相当。人类 MutT 同源染色体(hMTH1)是 8-OH-dG 的另外一种修复酶,可以阻止 8-OH-dG 嵌入 DNA,对 DNA 损伤起到保护作用。研究表明,经常参加运动锻炼者机体 hMTH1 mRNA 水平明显高于习惯于静坐者。蛋白酶体复合物被认为是降解蛋白质氧化应激产物的重要物质,长期运动锻炼能够提高蛋白酶体复合物活性,降低氧化应激对机体的氧化损害程度。

(2)运动激活细胞抗氧化相关的信号转导通路。氧化应激可通过信号转导通路影响肿瘤的发生发展,运动锻炼亦可通过信号转导作用对机体氧化应激状态产生影响。研究表明,氧化应激敏感的信号转导通路在维持细胞氧化抗氧化平衡方面发挥重要作用,抗氧化酶如 Mn-SOD、诱生型一氧化氮合酶(inducible nitric oxide synthetaseiNOS)及 γ-谷氨酰半胱氨酸合酶(γ-glutamylcysteine synthetas)等基因激活区包含有 NF-κB 结合位点,因此,运动刺激的信息通过 NF-κB 信号通路更容易激活这几种抗氧化酶活性。运动诱导的活性氧、活性氮信号分子可激活 MAPKs 通路,MAPKs 的活化可激活 NF-κB 亚单位 IκB 激酶,使其磷酸化,并通过胞浆泛素-蛋白体通路被泛化和降解,进而释放 NF-κB 进入细胞核,发挥其核转录因子的作用。运动可激活淋巴细胞 NF-κB 复合物的 p50 亚单位,增加 NF-κB 活性,促进机体超氧化物歧化酶(Superoxide Dismutase, SOD)表达上调,以更好地清除体内氧化应激产物。运动诱导的 ROS 可激活 MAPKs 信号转导,使机体主要的抗氧化酶如 MnSOD 及谷胱甘肽过氧化物酶(Glutathione Peroxidase,GPx)等表达增加,产生对运动的适应性。

6.运动、红细胞氧化-抗氧化功能与肿瘤

(1)恶性肿瘤患者红细胞抗氧化功能。抗氧化酶在机体内合成并且是机体对抗自由基的防御体系。SOD 被认为是抗氧化防御体系的第一道防线,它通过对自由基的歧化作用形成 H_2O_2 和 O_2,从而加速体内 $\cdot O_2^-$ 的清除作用。G-Px 是一种硒蛋白,主要存在于胞质中,相对分子质量约为 307.33。GSH-Px 主要通过消耗还原型 GSH 及 GSSG、水及有机醇分解 H_2O_2 及有机过氧化物。成人红细胞内几乎所有 GSH-Px 活性都是非硒依赖型。红细胞抗氧化酶(如 CAT,SOD,GSH-Px,GSH 等)及血清总抗氧化酶活性对于机体氧化还原反应动态平衡起着重要作用。红细胞能够清除机体内的 ROS,从而保护 H_2O_2 介导的细胞或组织损伤。血浆及红细胞脂质过氧化物水平增高及抗氧化能力的下降可导致肿瘤发病率增加。

虽然自由基在肿瘤发生中的作用已经明确,但恶性肿瘤是否促进机体内氧化应激仍然存在争议,甚至结论相反。一种观点认为癌症患者抗氧化酶活性低下及 DNA 损伤可能是肿瘤细胞产生过多自由基造成的,恶性肿瘤患者血浆 MDA 水平均明显高于健康人群,而根除手术后,MDA 水平可回归正常;第二种观点认为癌症患者手术前后红细胞 SOD 活性、过氧化氢酶(catalase,CAT)与健康人及良性肿瘤患者均无显著差异;第三种观点认为癌症患者红细胞抗氧化酶活性与病理分期有关,随着病程的增加,患者红细胞 SOD,GSH-Px 活性显著降低。

(2)运动对红细胞抗氧化功能的影响及其与肿瘤的关系。机体在氧化磷酸化过程中,所消耗的氧并不是完全被还原为水,约有 $4\% \sim 5\%$ 的氧被还原为自由基,因此,在运动过程中,随着氧耗的增加,机体产生 ROS 随之增加。适量的 ROS 通过吞噬作用及呼吸爆发作用对机体受损组织具有修补作用,对入侵微生物具有杀伤破坏作用。但是过量运动会导致 ROS 生成过多,机体产生氧化应激,甚至造成细胞损伤。细胞损伤和氧化应激可能引起肿瘤、动脉粥样硬化等疾病的发生。

规律性运动锻炼能够提高机体红细胞抗氧化酶 SOD,GSH-Px 及 CAT 活性。中等强度身体活动能够维持机体内氧化还原反应的平衡,次最大强度的身体活动能够增加红细胞抗氧化酶(包括 SOD,GSH-Px,CAT)活性,同时降低 MDA 水平。如有研究认为,规律性跑步运动不仅可以提高红细胞抗氧化状态,并且红细胞抗氧化酶活性与每周跑步的距离呈正相关。但是运动锻炼对红细胞抗氧化酶活性的良好影响是可逆的,一旦停训,这种高活性抗氧化剂酶会随着长时间停训而恢复到原有水平。相反,力竭性运动可导致红细胞抗氧化功能的抑制,例如,在运动员完成半程或全程铁人 3 项运动后,红细胞 GSH-Px,SOD,CAT 活性均明显低于运动前,同时血浆 MDA 含量均明显升高,从而使机体处于高氧化应激状态。

运动与机体氧化抗氧化、运动与肿瘤发生发展、机体氧化抗氧化状态失衡与肿瘤的关系研究已经由来已久,然而肿瘤患者的运动康复却是近年来才被关注并被相关医学工作者和科研人员重视的,对于自由基代谢在癌症发生发展中的作用机制由细胞层面已逐步深入到大分子蛋白、基因水平,然而运动对机体氧化抗氧化动态平衡的影响及其在肿瘤进程中的作用机制的研究仍然处于发展阶段,尤其是运动对肿瘤患者红细胞抗氧化功能影响的文献更为少见,ROS 等自由基作为一种信号分子在肿瘤发病机制中的"双刃剑"作用能否通过适宜的运动锻炼得以调控,肿瘤患者康复期能否通过适当的体育锻炼改善体内氧化应激程度,或是增加自身对氧化应激的耐受程度,进而延缓或抑制肿瘤的进一步发展,这可作为今后的一个研究方向,以运动影响肿瘤患者红细胞氧化抗氧化平衡状态为切入点,进一步探讨运动影响氧化应激在肿瘤进程中的作用机制。

1.3.3 淋巴细胞亚群分子表达与恶性肿瘤研究

恶性肿瘤患者大都处于免疫调节失衡与紊乱状态,机体免疫包括体液免疫和细胞免疫两种形式,一般认为机体抗肿瘤免疫应答的主要方式是细胞免疫,多种体液因素共同参与。机体内具有免疫功能的细胞包括 T 淋巴细胞、B 淋巴细胞、NK 细胞、巨噬细胞和树突状细胞等。研究表明,T 淋巴细胞和自然杀伤细胞(Nature Killer Cell, NK 细胞)的比例及功能变化与肿瘤的发生发展及转移密切相关。日本一项跟踪随访 11 年的研究发现,健康人外周血 T 淋巴细胞自然杀伤活性较高者,11 年后罹患癌症的风险明显低于淋巴细胞杀伤活性低者。正常成熟的 T 细胞表面均可表达 CD3 分子,CD3 分子由 $\gamma,\delta,\varepsilon$ 和 η 等多种多肽链组成,并与 T 细胞识别抗原受体(T Cell Receptor, TCR)非共价键结合,形成 TCR/CD3 复合物,TCR 识别抗原 MHC 分子-抗原肽复合体后产生活化信号由 CD3 分子传递到 T 细胞内部,使转录因子活化,转位到核内,活化相关基因。

NK 细胞是能够对肿瘤产生天然免疫应答的一类淋巴细胞。NK 细胞杀伤肿瘤细胞不受 MHC 限制,也不需要预先与抗原接触或显示任何记忆反应。在肿瘤发生发展过程中,NK 细胞可通过"内识别"(如 NCRs,NKG2D,SLAMs,DNAMs 等)直接识别肿瘤细胞并被活化,也可在单核细胞、巨噬细胞、树突状细胞等辅助细胞作用下被活化,这些辅助细胞通过模式识别受体对内外环境变化作出应答,再通过分泌多种可溶性因子(如 IL-2,IFN,TNF-α 等)或直接接触方式(直接接触分子如 IL-12/IL-12R,CD48/2B4 等)将内外环境刺激信号传递给 NK 细胞,使其发挥杀伤功能及分泌炎性因子功能。也有研究表明肿瘤发生过程中,NK 细胞的活化可由树突状细胞(Dendritic Cell,DC)触发,此时 IL-15Ra-IL-15 反式信号转导具有重要作用。被激活的 NK 细胞进入外周血到达肿瘤组织部位,经过其他活化信号作用成为效应细胞。NK 细胞杀伤肿瘤细胞的方式有两种:其一是直接溶解破坏肿瘤细胞;其二是通过分泌穿孔素、丝氨酸蛋白酶(如端粒酶)、硫酸软骨素蛋白聚糖等分子降解肿瘤细胞膜,破坏肿瘤细胞完整性。

自然杀伤 T 细胞(Natural Killer Cell,NKC)既表达 T 细胞受体,同时又表达 NK 细胞受体,是连接天然免疫和获得性免疫的一类调节性细胞。在抗肿瘤免疫反应中作用机制复杂,表现为双向调节效应,用 α-半乳糖神经酰胺(α-galactosyceramide,α-GalCer)激活的 I 型 NKT 细胞可增强抗肿瘤免疫,使 CT26 结肠腺癌肺转移模型动物肿瘤几乎完全消除;而用硫脂激活的 II 型 NKT 细胞却反而增加肿瘤负荷。研究认为,NKT 细胞的双向免疫调节功能与其能够同时分泌 Th1 类细胞因子(如 IFN-g,TNF 等)和 Th2 类细胞因子(如 IL-4,IL-13 等)有关,这两类细胞因子作用相互拮抗,结果导致 NKT 细胞的免疫应答在一些系统中表现为免疫促进,而在另一些系统中表现为免疫抑制。然而,NKT 细胞在免疫应答过程中究竟表现为免疫促进还是抑制,以及这种作用机制是什么,目前尚无定论。而在多数肿瘤模型中,NKT 细胞主要发挥免疫应答上调作用,而非下调。NKT 细胞被 α - GalCer 激活后,能够改善肝脾组织中单核细胞的细胞毒活性,并发挥抗肿瘤转移效应。

与健康人比较,恶性肿瘤患者 $CD3^+$ T 细胞、NK 细胞阳性百分率明显降低,且与病理分期密切相关,活化 T 淋巴细胞减少,总 B 淋巴细胞、NK 细胞数量减少导致活化 B 淋巴细胞、NK 细胞数量减少,致恶性肿瘤病人免疫机能低下。肝癌患者在高侵袭性或有转移状态下,NKT 细胞数量明显低于无/低侵袭或无转移者。T 淋巴细胞、NK 细胞活性与其膜上重要的信号转导分子 ζ 链的表达有关,研究发现,恶性肿瘤患者 T 淋巴细胞、NK 细胞中 ζ 链的表达水平较正常人低下甚至缺失,从而导致 T 淋巴细胞、NK 细胞免疫功能缺陷。运动锻炼可明显影响 T 淋巴细胞的数量及功能,对其数量的影响表现为运动过程中淋巴细胞数量增加,而大强度运动过后下降。对其功能的影响则表现为长期有规律的中小强度运动锻炼可增加免疫功能,过度运动则导致机体细胞免疫抑制,体液免疫相应增强,Th1 与 Th2 辅助细胞平衡失调。有研究报道,6 个月太极拳运动使 $CD3^+$,NKT,$CD4^+$ 含量增加,12 周太极拳运动可提高辅助性 T 淋巴细胞数量。日本一项研究也表明,12 个月步行锻炼能够明显提高老年人 T 淋巴细胞、Th 细胞及 NKT 细胞数量。20 周的抗组训练能增加前列腺癌患者安静状态下淋巴细胞数量,改善免疫监视功能。胃癌患者手术后坚持有规律的中等强度运动锻炼,能够明显改善 NK 细胞杀伤毒性,与健康人对运动的免疫应答趋于一致。本书的第 4 章内容以自控锻炼作为恶性肿瘤患者康复期体能锻炼的一种干预手段,探讨长期坚持自控锻炼对恶性肿瘤患者外周血 T 淋巴细胞表面抗原表达的影响,以进一步探讨癌症患者机体对自控锻炼的免疫反应及其对健康促进的免疫学机制。

1.3.4　血清 β - 内啡肽及 IL - 2 与恶性肿瘤研究

β - 内啡肽(β - endorphin,β - EP,β - END)是一类内源性吗啡样多肽,具有神经递质作用,能够使机体在各种应激状态下保持稳态平衡,除具有镇痛、调节神经内分泌功能外,血浆 β - EP 浓度过高会增加肿瘤发生风险。β - EP 不仅存在于神经细胞,也存在于免疫细胞,免疫系统内 β - EP 主要合成于外周血淋巴细胞和单核细胞。在神经-内分泌-免疫网络系统中,β - EP 通过免疫细胞如淋巴细胞、NK 细胞、红细胞等膜上阿片肽受体实现免疫调节功能。β-EP 调节免疫功能的报道结论不一，离体实验和在体实验亦存在着矛盾。有研究认为 β-EP 含量升高能够降低良恶性肿瘤、高血压、糖尿病等慢性疾病患者杀伤细胞的活性，产生免疫抑制，促使肿瘤发生发展；而对于健康人的研究表明，高浓度 β-EP 可抑制红细胞免疫功能，低浓度 β-EP 对红细胞免疫则有促进作用，并且一定浓度的纳洛酮可以阻断 β-EP 对红细胞免疫的调控作用。运动使 β-EP 合成酶活性升高，促进下丘脑合成与分泌 β-EP，而血清 β-EP 含量对运动的反应具有一定的强度和时间依赖性。长期坚持有规律的运动锻炼对血清 β-EP 的影响也是观点各有不同。有学者研究发现，长期坚持有氧锻炼者在安静状态下，血浆 β-EP 水平显著下降；也有文献报道，中等强度耐力运动训练对于机体安静状态下血浆 β-EP 无明显影响。甚至有学者研究认为长期有规律运动可导致机体安静状态下血浆 β-EP 水平明显下降。

白细胞介素-2(Interleukino-2，IL-2)是由活化的辅助性 T 细胞分泌的一种细胞增殖因子，IL-2 与其受体相结合介导一系列生物学功能，具有促进 T 细胞增殖和维持 T 细胞体外长期生长的作用，对 Th1 细胞合成更多的 IL-2 及干扰素(Interferon，IFN)、淋巴毒素等其他因子，还可增强 CD4$^+$ T 淋巴细胞、NK 细胞、LAK 细胞的抗肿瘤免疫反应，促进活化 B 细胞增殖与抗体合成，在免疫调控和防止肿瘤生长过程中发挥重要作用。肿瘤患者内源性 IL-2 含量减少、活性降低，是影响肿瘤进一步发展、浸润和转移的重要因素之一。乳腺癌组织中 IL-2 的表达低于正常乳腺组织，而 IL-4 高于正常乳腺组织；IL-2 的阳性表达程度与乳腺癌对化疗的药物敏感性呈正相关，认为 IL-2 可能通过增强 T 细胞对 FasL 的敏感性诱导肿瘤细胞凋亡。目前，IL-2 在临床上应用于肿瘤免疫治疗已经取得一定效果。癌症患者术前接受 IL-2 低剂量治疗，术后患者淋巴细胞总数、CD4$^+$ 细胞、IL-2 水平均高于对照组，且术后并发症减少，肿瘤浸润处淋巴细胞增多，中位生存期及总生存期均明显增加。动物研究发现，给小鼠体内注射 IL-2 能使 CD4$^+$，CD25$^+$，T 淋巴细胞数量上调。上述研究基本都是通过外源性 IL-2 介导患者机体 T 淋巴细胞免疫功能增强。随着"运动是良药"观念的提出，越来越多的文献集中于机体通过有规律的运动锻炼改善机体细胞功能,对于内源性各种细胞因子、激素等生物活性物质的分泌和相互作用,改善机体免疫状态、平衡激素水平等,实现运动锻炼对内环境稳态的调控,从而维持和促进健康。有关运动对机体内源性细胞因子 IL-2 影响的研究结果认为:慢性疲劳综合征小鼠进行两周适量运动后,脾脏 NK 细胞活性和 IL-2 诱生量明显增加。运动训练能够提高大鼠血浆 IL-2 和 TNF-α 含量,减少应激状态下大鼠免疫功能受抑程度。数年坚持长跑锻炼的老年人外周血单个核细胞产生 IL-2 的能力明显高于同龄对照人群,有利于维持老年人机体免疫功能。

在神经-内分泌-免疫网络理论中,机体是一个统一的、密不可分的整体,各种神经递质、激素、细胞因子之间相互作用,相互协调,共同维持着机体的正常生理功能。淋巴细胞上存在有神经递质 β-EP 的受体,表明 β-EP 对细胞免疫和体液免疫具有调节作用;反之,细胞因子 IL-2 可通过血脑屏障影响 β-EP 等神经因子分泌。运动可同时改变血清 β-EP 和 IL-2 水平。自控锻炼作为一种独特的传统健身方式,越来越多地受到慢性疾病尤其是恶性肿瘤患者的青睐,长期坚持自控锻炼对于术后康复期恶性肿瘤患者血清 β-EP 和 IL-2 有何影响,将在第 5 章重点介绍。

1.3.5 红细胞免疫、淋巴细胞免疫及其调节因子相关关系研究

我国红细胞免疫学者郭峰教授在 2005 年提出了"血液免疫反应路线图"理论,该理论认为,致病原进入血液循环首先激活并黏附于血浆中的补体(如 C3b,C4b),绝大多数被补体黏附调理后的病原体与红细胞 C3b 受体即 CD35 结合,经过一定处理后,递呈给白细胞(淋巴细胞、NK 细胞、粒细胞、树突状细胞等)引起一系列免疫反应。一些疾病的发生发展与血液免疫反应路线网络的紊乱与失衡存在着密切关系。血液免疫反应路线图同时还认为红细胞免疫是血液免疫反应中的主干道,不仅仅是 T 细胞活性调节剂,而且是所有白细胞活性的调节剂。红细胞可以通过对白细胞趋化因子受体 CXCR4 表达调控参与机体抗肿瘤免疫反应。郭峰及其团队采用"自然与分离体系"对红细胞参与白细胞免疫调控进行了研究,发现红细胞对于淋巴细胞和粒细胞趋化因子受

体 CXCR4 的表达具有上调作用,而对 B 淋巴细胞产生免疫球蛋白的量具有负向调节作用;肠癌患者红细胞对白细胞 CXCR4 的调控能力下降。正常情况下,红细胞结构完整,保持较强的免疫调控功能和抗氧化功能,在机体整体免疫调控网络中发挥重要作用。疾病状态下,红细胞免疫功能低下常常伴随着红细胞抗氧化酶 SOD 和 GSH-P 活性的降低及脂质过氧化物 MDA 含量的增加。红细胞膜上存在有阿片肽受体,能与 β-EP 通过经典途径结合。长期坚持有规律的体育锻炼,能够改善机体 β-EP 水平,作用于红细胞膜 CD35,改变其活性,利于红细胞免疫黏附功能的发挥。血浆 β-EP 水平不仅对红细胞免疫具有调控作用,对淋巴细胞免疫反应同样具有调节作用。在中枢神经内 β-EP 内啡肽可调节促肾上腺皮质激素(Adreno Cortico Tropic Hormone,ACTH)的释放,通过下丘脑-垂体-肾上腺轴,调节糖皮质激素的水平,影响免疫功能。运动过程中 β-EP 含量增加,诱导 NK 细胞产生 IFN-γ,促进单核-巨噬细胞分泌 IL-2,利于 NK 细胞活性提高。免疫细胞被激活时可分泌一些细胞因子对免疫功能进行调控。应用 IL-2 和 IL-15 对外周血单个核细胞中 NK 细胞及经混合淋巴细胞培养活化的 NK 细胞进行培养,发现这两种细胞因子均能明显上调单核细胞中 CD56$^+$ NK 细胞的比例,增加混合淋巴细胞活化 NK 比率,提高 NK 细胞杀伤活性,并且呈现出剂量依赖关系。目前,多数研究认为血浆 β-EP 对机体免疫功能的调节作用是双向性的,低浓度可以促进免疫细胞的免疫反应,高浓度则产生相反效果。然而这种高低浓度的临界点是多少,血浆 β-EP 究竟在什么样的浓度范围内才能促进细胞免疫功能,什么情况下产生相反效应,目前尚不清楚。同时,红细胞免疫分子、红细胞抗氧化酶活性、淋巴细胞各亚型含量及相关影响因子之间虽然能够相互影响,但是这些指标之间究竟有无相关性,其相关程度如何?本书第 6 章内容根据前面 4 部分研究结果,对自控锻炼不同阶段下的所测指标进行相关性分析,探讨各种免疫指标及相关影响因子之间的相关性及相关程度,以了解长期坚持自控锻炼对康复期恶性肿瘤患者机体整体免疫的影响以及各种免疫指标间相互联系,为康复期恶性肿瘤患者提供有效的锻炼方法和指导。

1.4　研 究 对 象

1.4.1　受试者基本情况

以上海市癌症康复学校新入校学员为研究对象。纳入标准:通过癌症病史(Cancer History)及一般性健康检查,所有受试者均自愿参加本研究,签署知情同意书;均经临床诊断确诊,并经手术结合化疗治疗后,由医生综合病史资料、运动适宜性(体育运动适宜问卷表-PAR-Q)和体格检查的总体情况签署医学批准书,接受有指导的康复锻炼。最终确定新入学员 40 名患者作为本实验受试对象,病种分别为乳腺癌 17 例,消化系统癌 14 例,其他类型恶性肿瘤患者 9 例(包括卵巢癌 2 例、肺癌 3 例、甲状腺癌 2 例、肉瘤 1 例、前列腺癌 1例、),其中男性 17 名,平均年龄为 59.82±7.97(42~71 岁);女性 23 名,平均年龄为 55.78±5.42(48~66 岁),平均癌龄为 1.50±0.77 年。实验至 12 周时,由于病情等原因,有 3 例患者缺失,2 例患者病逝,共有 35 名受试者参加测试。实验至 24 周时,由于病情、出境旅游等原因,另有 5 名患者流失,共有 30名受试者参加测试,受试者基本情况见表 1-1。

表 1-1　受试者基本情况

肿瘤类型	人数/人	年龄/岁	身高/cm	体重/kg	癌龄/岁
乳腺癌	17	56.12±6.18	159.84±5.86	62.82±7.04	1.20±0.48
消化系统癌	14	58.36±5.39	164.18±4.73	63.82±11.03	1.57±0.89
其他类型恶性肿瘤	9	58.78±9.85	163.50±8.67	63.94±9.32	1.85±0.86

1.4.2　受试者锻炼及随访方式

1. 锻炼内容

自控锻炼一套组合:预备势、自然行走结合呼吸调整和收势。相当于现代体育运动中的准备活动、正式锻炼和整理活动 3 个阶段。

每次运动持续时间为预备势 3~5 min、自然行走 35~45 min、收势 3~

5 min。

2.锻炼方案

受试者在结束手术结合化疗常规治疗后,在专门人员指导下,首先进行 3 周的自控锻炼学习,然后进行 24 周的自控锻炼,每天平均锻炼时间为 2 h,平均锻炼频率为每周 5 d。受试者具体锻炼方案见表 1－2。

表 1－2　受试者锻炼方案

运动项目	一次运动持续 时间/min	锻炼 次数/(次·d^{-1})	平均运动 持续时间/(h·d^{-1})	平均锻炼 频率/(天·周$^{-1}$)
自控锻炼	40～60	2	2	5

3.跟踪随访

受试者每天早晨和/或下午在居住小区或附近公园按约定时间进行自控锻炼。在随访过程中要求受试者填写"身体活动记录表",对每周锻炼情况进行统计,同时记录药物服用情况,使用药物者:甲壳素 1 人、鲨肝醇 1 人、扶正化瘀 2 人。

1.4.3　研究内容

(1)自控锻炼对癌症患者红细胞 CD35 和 CD58 表达的影响;

(2)自控锻炼对癌症患者红细胞抗氧化功能的影响;

(3)自控锻炼对癌症患者淋巴细胞亚群的影响;

(4)自控锻炼对癌症患者血清 β-内啡肽及 IL－2 水平的影响;

(5)恶性肿瘤患者红细胞、淋巴细胞及免疫调节因子各指标间的相关性分析。

1.5　实验流程图

研究方案流程图见图 1－1。

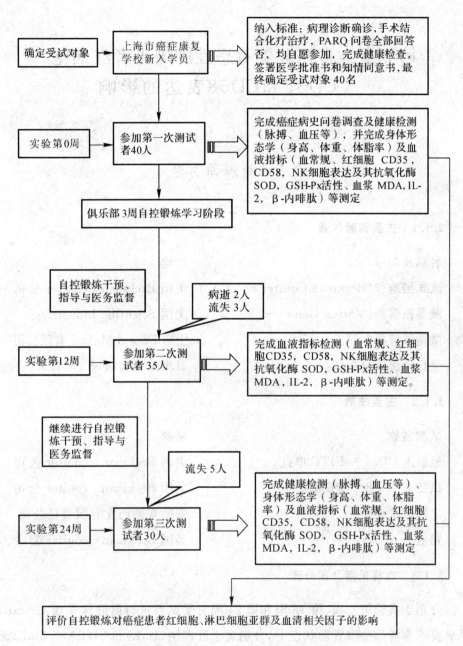

图 1-1 研究方案流程图

第2章 自控锻炼对恶性肿瘤患者红细胞 CD35和CD58表达的影响

2.1 材料与方法

2.1.1 主要实验仪器

名称及型号	产地
流式细胞仪(Beckman Coulter Epics X)	美国 Beckman – coulter 公司
漩涡振荡器(Vortex Genie—2)	美国 Scientific Industries
微量移液器	上海 Dragon Medical 有限公司
全自动血液分析仪(XE—2100)	日本希森美康(SYSMEX)

2.1.2 主要试剂

试剂名称	来源
鼠抗人 CD35—FITC 单抗	美国 Beckman – coulter 公司
鼠抗人 CD58—PE 单抗	美国 Beckman – coulter 公司
生理盐水 9%	安徽双鹤药业有限责任公司
鞘液	美国 Beckman – coulter 公司

2.1.3 血样采集及预处理

分别于实验第0周、第12周和第24周对受试者进行肘静脉采血1.5mL，采血要求为清晨空腹安静状态下，分别置于肝素钠(1mL)和 EDTA(0.5mL)无菌抗凝管中，采血后 EDTA 抗凝血立刻送至上海市长海医院进行血常规检测，肝素钠抗凝血在预处理后进行红细胞膜蛋白分子流式细胞仪检测。

2.1.4　红细胞 CD35，CD58 定量检测

红细胞 CD35，CD58 定量检测采用流式细胞仪免疫荧光分析。

1.流式细胞仪工作原理

待测细胞被制成单细胞悬液,经特异性荧光染料染色后加入样品管中。在气体压力推动下进入流动室,流动室内充满鞘液,在鞘液的约束下,细胞排成单列并被鞘液包绕形成细胞液柱,一起自喷嘴喷射出来,与水平方向的激光光束垂直相交。该区称为测量区。利用样品流和鞘液的气压差的层流原理,使细胞依次排列成单行,每个细胞以均等的时间依次通过测量区,被荧光染料染色的细胞受到强烈的激光照射后发出荧光,同时产生散射光。这些荧光信号的强度代表了所测细胞膜表面抗原的强度或其核内物质的浓度。细胞发出的荧光信号和散射光信号,被荧光光电倍增管接收后转换为电子信号,在通过模/数转换器,将连续的电信号转换为可被计算机识别的数字信号,通过计算机快速而精确地将所测数据计算出来。

细胞表面的抗原或膜受体与相关的荧光抗体结合后,形成带有荧光的抗原抗体复合物。通过流式细胞仪测定其荧光量,即可得到细胞群的不同抗原位点表达情况。

2.红细胞 CD35，CD58 定量检测步骤

红细胞 CD35，CD58 流式细胞仪检测采用氩离子气体激光管,其激发波长为 488nm,对红细胞的前向散射光(Forward Scatter, FS)和侧向散射光(Side Scatter, SS)双参数进行设门(见图 2 - 1),圈定红细胞群,收集 5 000 个细胞,对红细胞 CD35，CD58 单一参数测量数据用直方图显示,横坐标为 FITC 或 PE 荧光信号相对强度或散射光,纵坐标表示细胞数,通过计算机 CELL Quest 相关软件分析,对红细胞 CD35，CD58 进行定量检测(见图 2 - 2 和图 2 - 3)。

(1)取肝素钠抗凝全血 1μL 置于另一 EP 管,用生理盐水稀释 1 000 倍;

(2)于预先编号的流式管中分别加入鼠抗人 CD35 — FITC 抗体和鼠抗人 CD58 — PE 抗体各 10μL,置于流式管底部轻轻混匀;

(3)取肝素钠抗凝血稀释液 50μL 分别加入到对应编号的流式管中,漩涡振荡器振荡充分混匀,室温避光孵育 30min;

(4)各试管内分别加入鞘液 $200\mu L$，混匀，室温避光静置 20min；

(5)由专门流式操作人员上机检测红细胞 CD35 及 CD58 平均荧光强度。

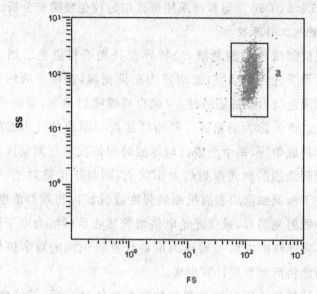

图 2-1　红细胞流式细胞仪检测图

FS:反映细胞体积大小，以对数形式表示；SS:反映细胞内部复杂程度，以对数形式表示

注:依据红细胞前向散射光和侧向散射光双参数对红细胞进行设门，图 2-1 中 a 框内为红细胞。

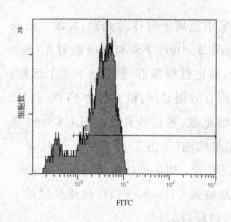

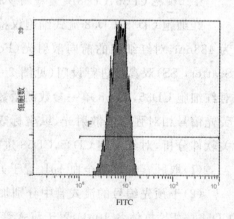

图 2-2　红细胞 CD35 — FITC 荧光检测　　　图 2-3　红细胞 CD58 — PE 荧光检测

2.1.5　统计学处理

检测数据用均值±标准差表示,用 SPSS15.0 软件包进行统计。对同一观察对象的同一观察指标在不同时间进行的多次测量数据采用单变量重复测量方差分析法;同一时间同一指标不同组间的测量数据采用单因素方差分析;实验各阶段红细胞 CD35,CD58 相关性检验采用偏相关分析。显著性水平为 $P < 0.05$。

2.2　结　　果

2.2.1　自控锻炼对恶性肿瘤患者红细胞参数的影响

由表 2-1 及图 2-4 所示,与实验第 0 周相比较,实验第 12 和 24 周,术后康复期恶性肿瘤患者男性、女性红细胞计数变化均无统计学差异($P > 0.05$)。实验第 12 周时,男女患者红细胞计数均略有降低;实验第 24 周时,受试者红细胞计数均略有上升趋势,其中男性受试者略高于实验第 0 周。实验第 0,12 和 24 周,男女患者外周血红细胞计数均处于人体生理值正常范围内。

表 2-1　自控锻炼对恶性肿瘤患者红细胞相关参数的影响

红细胞参数	性别	实验第 0 周	实验第 12 周	实验第 24 周	正常参考值
RBC/($10^{12} \times L^{-1}$)	男	4.63±0.46	4.48±0.62	4.70±0.27	4～5.5
	女	4.48±0.30	4.41±0.23	4.43±0.27	3.5～5.0
HCT/(%)	男	41.47±3.11	39.13±5.09	40.77±2.16	42～49
	女	40.77±1.45	39.71±1.46	39.49±1.61	37～48
HGB/($g \cdot L^{-1}$)	男	141.58±13.14	138.25±15.34	142.17±9.49	120～160
	女	136.11±6.07	133.94±6.00	134.33±6.11	110～150

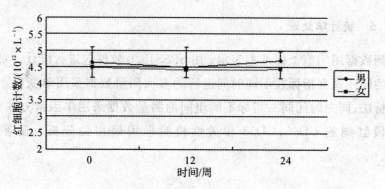

图 2-4　自控锻炼影响恶性肿瘤患者红细胞计数的变化趋势

由表 2-1 及图 2-5 所示可知,在恶性肿瘤患者进行 12 周自控锻炼后,与实验第 0 周相比较,男、女患者外周血红细胞压积均略有下降趋势,但并没有表现出统计学意义($P>0.05$);继续坚持锻炼至 24 周时,不同性别的患者红细胞压积与实验第 0 周、第 12 周比较均无明显差别($P>0.05$)。而且无论是实验第 0 周、第 12 周还是第 24 周,男、女患者外周血红细胞压积均值都处于正常生理值范围,但属于低限范围。

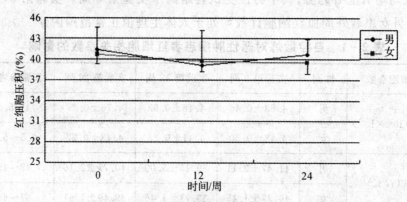

图 2-5　自控锻炼影响恶性肿瘤患者红细胞压积的变化趋势

由表 2-1 及图 2-6 所示,与实验第 0 周比较,实验第 12 周、实验第 24 周恶性肿瘤患者血红蛋白均无明显变化,且 3 次测试值均在人体正常生理范围内,个案结果显示,实验第 0 周时,仅有 2 例男性患者血红蛋白水平较正常值偏低(分别为 118 g/L,83 g/L);实验第 12 周时,这两例患者血红蛋白水平均增加

（分别为 127 g/L，119 g/L）；实验至 24 周时，其中一位患者因故没能参加，另外一位受试者血红蛋白由实验 12 周的 127 g/L 又增加至 130 g/L，其他受试者血红蛋白水平均处于正常生理值范围。女性受试者 3 次测试血红蛋白水平均无奇异值。

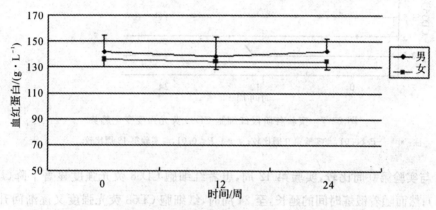

图 2-6　自控锻炼影响恶性肿瘤患者血红蛋白的变化趋势

2.2.2　自控锻炼对恶性肿瘤患者红细胞 CD35 及 CD58 免疫分子的影响

在实验过程中，使用流式细胞仪检测手术后康复期恶性肿瘤患者红细胞 CD35 和 CD58 平均荧光强度的变化。结果显示，与实验第 0 周相比较，在恶性肿瘤患者进行 12 周自控锻炼后，红细胞 CD35 荧光强度明显升高（$P < 0.01$）；继续坚持锻炼至 24 周，红细胞 CD35 荧光强度较第 12 周表现明显下降（$P < 0.01$），但仍显著高于实验第 0 周（$P < 0.01$）见表 2-2 和图 2-7。

表 2-2　自控锻炼对恶性肿瘤患者红细胞 CD35 及 CD58 表达的影响（荧光强度）

红细胞表面分子	实验第 0 周	实验第 12 周	实验第 24 周
CD35	4.26±0.27	4.92±0.35＊＊	4.68±0.22＊＊#＃
CD58	6.80±0.63	6.24±0.48＊＊	＊6.84±0.55#＃

注：＊＊　$P < 0.01$，与实验第 0 周比较；#＃　$P < 0.01$，与实验第 12 周比较。

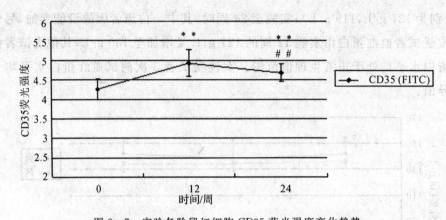

图 2-7　实验各阶段红细胞 CD35 荧光强度变化趋势

注：＊＊　　$P<0.01$，与实验第 0 周比较；＃＃　　$P<0.01$，与实验第 12 周比较。

与实验第 0 周比较，实验第 12 周，患者红细胞 CD58 荧光强度显著下降（$P<$ 0.01）；然而随着锻炼时间的延长，至 24 周时，红细胞 CD58 荧光强度又逐渐回升到实验第 0 周水平，并且明显高于实验第 12 周（$P<0.01$），见表 2-2 及图 2-8。

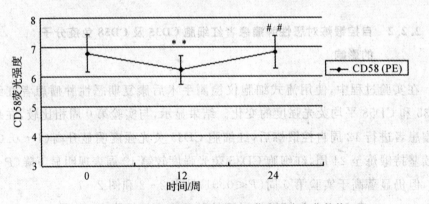

图 2-8　实验各阶段红细胞 CD58 荧光强度变化趋势

注：＊＊　　$P<0.01$，与实验第 0 周比较；＃＃　　$P<0.01$，与实验第 12 周比较。

2.2.3　实验各阶段不同类型恶性肿瘤患者红细胞 CD35 和 CD58 定量比较

不同类型恶性肿瘤患者在结束手术结合化疗治疗后，进行康复体能锻炼前，外周血红细胞 CD35 荧光强度具有一定差异。实验第 0 周时，乳腺癌患者红细胞 CD35 荧光强度明显低于消化系统癌和其他类型恶性肿瘤患者（$P<$

0.01),消化系统癌和其他类型患者之间无明显差异($P>0.05$)。同时,实验第 0 周实验结果还显示,不同类型恶性肿瘤患者红细胞 CD58 荧光强度均无明显差异($P>0.05$)(见表 2-3、图 2-9 和图 2-10)。

坚持 12 周自控锻炼后,外周血红细胞 CD35 荧光强度均明显升高,同时,不同类型恶性肿瘤患者之间的差异消失($P>0.05$)。12 周锻炼对于恶性肿瘤患者红细胞 CD58 的影响呈现负向效应,并且不同类型恶性肿瘤患者红细胞 CD58 变化趋势相同,相互之间仍无明显差异($P>0.05$)(见表 2-3、图 2-9 和图 2-10)。

坚持自控锻炼 24 周后,不同肿瘤类型之间红细胞 CD35,CD58 荧光强度均没有表现出各组间的差异($P>0.05$)(见表 2-3、图 2-9 和图 2-10)。

表 2-3　实验各阶段不同类型恶性肿瘤患者红细胞 CD35,CD58 定量比较

红细胞表面分子	肿瘤类型	第 0 周	第 12 周	第 24 周
CD35	乳腺癌	4.04±0.28	4.86±0.42	4.64±0.21
	消化系统癌	4.41±0.10＊＊	5.03±0.19	4.76±0.23
	其他类型	4.38±0.19＊＊	4.86±0.22	4.64±0.24
CD58	乳腺癌	6.93±0.65	6.17±0.55	6.91±0.63
	消化系统癌	6.80±0.71	6.34±0.46	6.83±0.56
	其他类性	6.62±0.41	6.18±0.34	6.74±0.35

注:＊＊$P<0.01$,与乳腺癌比较。

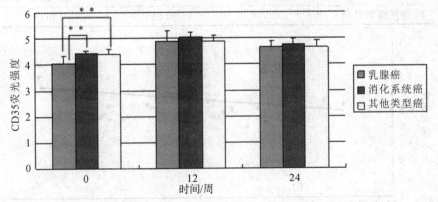

图 2-9　实验各阶段不同类型恶性肿瘤患者红细胞 CD35 荧光强度比较

注:＊＊$P<0.01$,与乳腺癌比较。

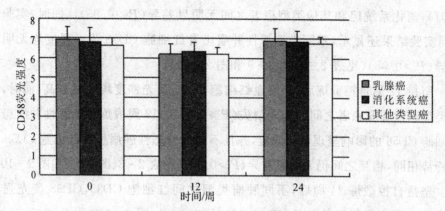

图 2-10　实验各阶段不同类型恶性肿瘤患者红细胞 CD58 荧光强度比较

2.2.4　实验不同阶段患者红细胞 CD35 和 CD58 相关性分析

如表 2-4 及图 2-11 所示,把不同肿瘤类型作为控制变量,对实验不同阶段红细胞 CD35 和 CD58 分子表达进行偏相关分析结果发现,实验第 0 周、第 12 周两者之间均无明显相关性;实验第 24 周患者红细胞 CD35 与 CD58 呈明显正相关($r=0.400$, $P<0.05$)。

表 2-4　实验不同阶段恶性肿瘤患者红细胞 CD35 和 CD58 相关性分析

相关分析	第 0 周	第 12 周	第 24 周
相关系数 r 值	−0.001	0.119	0.400
相伴概率 P 值	0.996	0.515	0.043 *

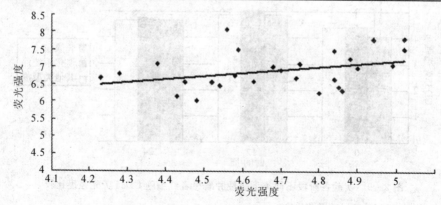

图 2-11　实验第 24 周恶性肿瘤患者红细胞 CD35 和 CD58 性关系图

2.3　分析与讨论

2.3.1　自控锻炼对恶性肿瘤患者红细胞计数及血红蛋白含量的影响

红细胞是循环血中数量最多的有形成分。在正常情况下,人体红细胞的生成和破坏处于动态平衡,从而使循环血中的红细胞数量及质量保持相对稳定。然而恶性肿瘤患者一般会出现中等程度的贫血,并且随着肿瘤体积及病情发展,贫血程度可能会加重。

然而本研究结果显示,实验前恶性肿瘤患者红细胞计数、红细胞压积、血红蛋白含量均处于正常生理值范围内,并且无论是第 12 周还是第 24 周的自控锻炼对红细胞计数并无明显影响($P>0.05$),这可能跟实验基线值具有较高的水准有关。因为,这些受试者均是刚结束肿瘤常规治疗,由于医院的科学治疗和护理,使得患者机体机能逐渐恢复并趋于健康值;同时在刚出院这段时间,患者可能担心肿瘤复发或恶化而遵循健康生活方式及加强自我健康护理,以保持正常生理机能状态。所以,即便是长期坚持锻炼,也不可能表现为红细胞计数或是血红蛋白值在正常生理范围内的显著变化,然而在一定程度上,可以使患者红细胞或血红蛋白维持在正常水平而不至于下降。产生这种结果的另一机制可能与长期锻炼在提高红细胞数量的同时,血浆含量也同步增加或增加更多有关。但是,这并不代表自控锻炼对整体血循环功能无影响。并且个案结果显示,实验前两例男性患者血红蛋白较正常值偏低者,坚持自控锻炼 12周和 24 周后,均明显升高至正常值。这种结果在某种程度上提示,长期坚持自控锻炼有助于改变红细胞数量较低水平状态,使机体红细胞数量趋向于正常化。这与 Drouin 等研究结果类似,与非锻炼者比较,乳腺癌患者接受放疗期间进行中等强度有氧锻炼,能够使患者红细胞计数增加、红细胞压积及血红蛋白保持在正常水平或略有增加。

红细胞比容(Hematocrit, HCT)也叫做红细胞压积是指红细胞在全血中所占的容积百分比。临床上,测定红细胞比容,再结合红细胞计数和血红蛋白的测定,可以计算出平均红细胞体积及平均血红蛋白含量,对于贫血疾患的鉴别判断具有参考意义。本实验结果显示,手术后康复期恶性肿瘤患者实验第 0 周、第 12 周、第 24 周 HCT 均无明显变化($P>0.05$)。这可能也是与受试者实验基础值较高有关。然而我们还观察到,整个实验过程中 HCT 值基本都是在正常人体生理值范围的低限,这是否说明了恶性肿瘤患者平均红细胞体积可能偏小还有待于进一步证实。

以上研究结果提示,无论是坚持 12 周还是 24 周的自控锻炼对于不同性别恶性肿瘤患者红细胞参数值无明显影响。

2.3.2 自控锻炼对恶性肿瘤患者红细胞 CD35 和 CD58 免疫分子的影响

红细胞免疫系统在机体整体免疫功能中表现出的重要作用已被广泛证实。大量文献研究报道,红细胞免疫可参与包括抗肿瘤免疫在内的多因子免疫调控,并且在血液免疫反应路线图中占有主干道地位。成熟红细胞虽然没有细胞核,理论上不能产生新物质,但是因为红细胞是由核细胞发展而来的,所以红细胞膜及胞浆存在大量相关免疫分子及抗氧化类物质等,这些生物活性物质均可参与机体相应生理功能;同时,当红细胞受到内、外环境刺激时,其本身分子结构可被修饰激活并产生新的功能。红细胞可通过神经-内分泌-免疫网络参与对机体内环境稳态的调控。

红细胞上有多种胚系基因编码的非特异性免疫物质如 CD35,CD44,CD58 和 CD59 等,其免疫作用多样而复杂。红细胞天然免疫主干道理论认为,在系统血液快速固有免疫反应中,红细胞天然免疫反应占有主要地位,是白细胞免疫反应不可或缺的一部分。红细胞凭借其庞大的数量和广泛的分布,使其易于接触抗原物质,借助于其膜表面免疫相关分子 CD35 对接触抗原发挥免疫黏附功能。CD35 是红细胞发挥免疫功能的主要物质基础,其生物学功能:①参与补体系统活化调节作用,能够与补体调理过的循环免疫复合物相结合,并将其运送到肝脾等处经 I 因子作用将补体-循环免疫复合物降解,从红细胞表面解离,被单核细胞清除,从而减少循环免疫复合物在血管等组织处的沉淀;②红细胞表面的过氧化物酶可以直接销毁被其黏附的抗原物质,发挥效应细胞样作用;③对淋巴细胞及细胞因子的免疫调控作用。当 CD35 黏附循环免疫复合物时可激活 B 细胞,促进 B 细胞产生免疫球蛋白;CD35 还可直接增强 NK

细胞杀伤肿瘤细胞的抗体依赖型细胞介导的细胞病毒(Antibody Ddependent Cell - mediated Cytotoxicity, ADCC)作用。

健康正常人红细胞对肿瘤细胞的天然免疫黏附能力与其膜蛋白 CD35 数量呈正相关,红细胞上 CD35 表达下降可能导致机体免疫功能低下。肿瘤、自身免疫性疾病及各种感染性疾病患者红细胞免疫功能紊乱与低下;红细胞 CD35 分子数量减少,红细胞清除血循环中癌细胞能力明显减弱,循环免疫复合物含量升高,导致机体抗肿瘤免疫反应的降低,造成恶性循环,使肿瘤细胞实现免疫逃逸。这种红细胞 CD35 分子数量及黏附活性的改变主要是后天因素引起的,与病情发展、肿瘤转移关系密切。运动对于红细胞免疫功能的影响研究结果存在争议。有研究认为,短期运动训练对健康年轻男性红细胞 CD35 数量无明显影响。低氧环境下运动训练可导致机体红细胞 CD35 数量下降。安静状态下,无训练者红细胞 CD35 黏附活性与有训练者无明显差异;一次性运动训练后,无训练者红细胞 CD35 活性明显下降程度较有训练者更为明显,且前者恢复时间较长。而廖晓等研究表明,安静状态下,运动系大学生红细胞 CD35 受体花环率明显高于普系学生,而红细胞免疫复合物花环率两组间无明显差异,但运动系学生红细胞促进粒细胞吞噬作用明显高于普系。本研究发现,经过 12 周自控锻炼后,康复期癌症患者红细胞 CD35 平均荧光强度明显升高($P < 0.01$),为提高红细胞免疫黏附功能提供了必要的物质基础,有利于红细胞阻止癌细胞等病原体在血液中的转移。然而当实验进行至第 24 周时,患者红细胞 CD35 免疫荧光强度均有下降趋势,但仍显著高于实验前($P < 0.01$)。这可能与患者生活方式的改变及气候变化有关,由于实验跟踪跨越了从初春季节到初秋季节的时间段,患者在这期间的锻炼频率与强度、生活方式均有不同程度的变化,可能对本研究结果产生一定影响。即便考虑到上述因素的影响,本研究结果仍然表明,长期坚持自控锻炼能够提高术后康复期恶性肿瘤患者红细胞 CD35 数量,可能有利于红细胞免疫黏附功能的发挥。黄南洁等研究认为,6 个月有氧锻炼可提高弱智学生红细胞免疫黏附功能,本实验结果在一定程度上也支持这种观点。自控锻炼能够提高患者红细胞 CD35 数量的另一可能机制是中等强度身体活动能够提高细胞抗氧化防御体系,从而提高细胞本身的免疫机能。国内有学者研究认为,循环血液中的氧自由基等过氧化物

对红细胞表面的 CD35 具有破坏作用,使其数量减少,导致红细胞免疫功能下降。本实验第 12 周和第 24 周红细胞 CD35 数量均明显高于实验前,其机制之一可能在于规律的运动锻炼可以提高红细胞抗氧化酶活性,降低血浆中自由基代谢产物 MDA 含量(结果见本书第 3 章),减少了对红细胞膜损伤及对膜蛋白 CD35 的破坏作用,维持了红细胞结构及膜蛋白 CD35 分子结构的完整性,有利于红细胞免疫功能的发挥。

有研究发现,良性肿瘤患者 CD35 数量与正常人无明显差异;而恶性肿瘤患者红细胞 CD35 基因多态性高表达 HH 型与正常人虽无明显差别,但是前者红细胞 CD35 分子数量显著少于常人。并且基因多态性 HH 型高表达者多数病情较轻,低表达 LL 型则多数为病情较重或预后较差。不同癌症类型患者之间的 CD35 表达是否存在着异同? 本研究观察到实验前不同类型癌症患者红细胞 CD35 荧光强度均存在着差异。与国内部分研究结果一致,不同癌症患者不仅红细胞 CD35 数量具有明显差异,红细胞免疫黏附功能也存在显著差异。但是也有研究认为,肺癌、乳腺癌及胃癌患者之间红细胞免疫黏附功能无明显差异。产生这种差异的原因推测:不同类型恶性肿瘤患者机体红细胞受损程度可能不同,导致其膜蛋白 CD35 分子数量及其免疫功能的差异;另外也可能与肿瘤的病理分期不同有关,病理分期越晚,红细胞 CD35 分子数量及其免疫功能下降越明显。然而到实验第 12 周、第 24 周时,结果显示,乳腺癌、消化系统癌以及其他类型肿瘤患者红细胞 CD35 荧光强度无明显差异($P>0.05$),可能是自控锻炼改善了红细胞整体功能,提高了 CD35 分子数量,从而消除了不同肿瘤类型红细胞 CD35 分子的差异。这种结果的具体机制还不明确,经推测可能跟受试者第 12 周至 24 周不同的锻炼程度有关,由于气候及自身原因,不同的受试者可能锻炼程度有所改变,但仍需要进一步研究。

红细胞 CD58 被认为是红细胞调节 T 细胞免疫功能的重要天然免疫物质,对于维持 Th1/Th2 细胞间的动态平衡起到重要作用,其数量的变化可影响红细胞对自身淋巴细胞免疫功能的发挥。离体实验表明,通过细胞因子(如 TNF-α)重组诱导白细胞 CD58,CD54 表达,可促进淋巴细胞介导的肿瘤细胞溶解。红细胞 CD58 与 T 细胞 CD2 相互作用可扩大 T 细胞的免疫应答反应,提高机体抗肿瘤免疫效应。癌症患者不仅红细胞 CD35 数量低于正常人,

CD58 也较常人低下,并且红细胞 CD35,CD58 分子数量的变化与肿瘤的转移和恶化程度有关。

　　本研究显示,术后康复期恶性肿瘤患者经过 12 周的自控锻炼后,红细胞 CD58 分子下降 8.24%($P<0.01$),但是实验进行至第 24 周时,红细胞 CD58 数量又明显回升,较实验第 12 周提高 9.62%($P<0.01$),与实验前无明显差异($P>0.05$)。这与实验假设有一定矛盾,然而本研究结果与朱荣等研究结果一致,足球运动员以 80% 最大摄氧量的负荷强度进行功率自行车运动训练,每次持续时间为 30min,每周 2 次,4 周后,其红细胞 CD58 表达较实验前明显下降。这种变化趋势可能是跟红细胞 CD58 对运动锻炼的应激反应有关,其机制之一可能是:红细胞 CD58 以两种形式结合于红细胞膜,即跨膜形式和锚定蛋白形式,实验第 12 周时,机体尚处于一种应激状态,运动导致机体内磷脂酶 C 活性升高,磷脂酶 C 能够使红细胞膜糖基磷脂酰肌醇(Glycosyl Phosphatidyl Inositol,GPI)锚定的蛋白 CD58 释放出来,导致红细胞 CD58 分子减少;随着锻炼的持续进行,机体对运动产生适应,磷脂酶 C 活性降低,CD58 可重新结合到红细胞膜上,表现为实验第 24 周时红细胞 CD58 分子的回升。

　　有关不同种肿瘤类型间 CD58 比较研究还未见报道,体育锻炼对不同种肿瘤的效应差异更无相关资料。本研究还观察到,与红细胞 CD35 不同,实验前乳腺癌、消化系统癌及肺癌等其他类型肿瘤患者红细胞 CD58 均无明显差异($P>0.05$)。理论上提示不同恶性肿瘤患者红细胞调控 T 细胞免疫功能可能无明显差异。实验第 12 周,各组红细胞 CD58 荧光强度均有下降(分别为乳腺癌下降 12.32%,消化系统癌下降 6.76%,其他类型肿瘤下降 9.34%);实验第 24 周,各组红细胞 CD58 荧光强度均明显回升(分别为乳腺癌上升 11.99%,消化系统癌上升 7.73%,其他类型上升 9.06%)。但是无论是实验第 12 周,还是实验第 24 周,各组间红细胞 CD58 均无无显著差异($P>0.05$),表明,第 12 周和第 24 周自控锻炼分别对不同肿瘤患者红细胞 CD58 产生的效应具有同向性。然而 CD58 对长期自控锻炼应答产生的先下降后上升变化趋势的深层机制仍需要进一步研究。

　　在研究中还发现,实验第 24 周患者红细胞 CD35 与 CD58 呈明显正相关($r=0.400$,$P<0.05$),而实验第 0 周和第 12 周时,这两者之间均无明显相关

性。提示,第 24 周自控锻炼可能对于改善肿瘤患者红细胞免疫黏附及免疫调控功能具有积极意义。其原因之一可能是长期坚持自控锻炼使红细胞遭遇过氧化物等自由基损伤降低,其结构完整性得以维持和提高,有利于红细胞生理功能包括免疫黏附能力的发挥。

2.4 结 论

(1)无论是第 12 周,还是第 24 周的自控锻炼对于术后康复期恶性肿瘤患者外周血红细胞计数、红细胞压积、血红蛋白含量均无明显影响。

(2)24 周自控锻炼能够提高术后康复期恶性肿瘤患者红细胞 CD35 相对数量,为红细胞发挥其免疫黏附功能提供必要的物质基础。

(3)24 周自控锻炼对术后康复期恶性肿瘤患者红细胞 CD58 表达无明显影响。

第3章 自控锻炼对恶性肿瘤患者红细胞
抗氧化能力的影响

3.1 材料与方法

3.1.1 主要实验仪器

722 型可见分光光度计　　　　　　　上海菁华科技仪器有限公司

S.HH.W 型数字显示式恒温水温箱　　　上海圣欣科学仪器有限公司

DL—400B 型低速离心机　　　　　　　上海安亭科学仪器厂

台式高速冷冻型离心机　　　　　　　德国 Eppendorf 公司

微量移液器　　　　　　　　　　　　上海 Dragon Medical Limited

3.1.2 主要试剂

红细胞 SOD 试剂盒、GSH—Px 试剂盒及血浆 MDA 试剂盒均购自南京建成生物工程研究所。

3.1.3 血样采集及预处理

于实验第 0 周、第 12 周和第 24 周分别对受试者进行清晨空腹安静状态下肘静脉采血 3mL,置于枸橼酸钠无菌抗凝管(2mL)和肝素钠无菌抗凝管(1mL)。

3.1.4 指标检测方法

(1)红细胞超氧化物歧化酶(Erythrocyte Superoxide Dismutase, E - SOD)活性检测。

1)E - SOD 液抽提流程如图 3 - 1 所示。

2)E - SOD 活性检测。E - SOD 活性检测采用黄嘌呤氧化酶法,其原理是通过黄嘌呤及黄嘌呤氧化酶反应系统产生超氧阴离子自由基($\cdot O_2^-$),后者氧化羟胺形成亚硝酸盐,在显色剂的作用下呈现紫红色,用可见光分光光度计测量其吸光度。人红细胞中含有 SOD,可对超氧阴离子自由基有专一性的抑制作用,使生成的亚硝酸盐减少,比色时测定管的吸光度值低于相应对照管吸光度,通过公式计算可求出人红细胞中 SOD 活力。

　　检测方法:严格按照试剂盒操作说明书进行操作。

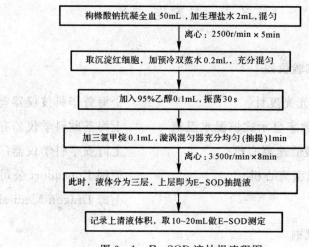

図 3 - 1　E - SOD 液抽提流程图

　　(2)红细胞谷胱甘肽过氧化物酶(Erythrocyte Glutathione Peroxidase, E-GSH - Px)活性检测。

　　1)E - GSH - Px 溶液制备。E - GSH - Px 溶液制备流程图如图 3 - 2 所示。

　　2)E - GSH - Px 活性检测。E - GSH - Px 活性检测采用 DTNB 法,其原理是 GSH - Px 可以促进过氧化氢与还原型谷胱甘肽反应生成 H_2O 和氧化型谷胱甘肽,GSH - Px 活性可用其酶促反应的速度来表示,测定此酶促反应中还原型谷胱甘肽的消耗,则可求出酶的活性。其反应方程式为

$$H_2O + 2GSH \rightarrow 2H_2O + GSSG$$

　　GSH - Px 的活性以催化 GSH 的反应速度来表示,由于这两个底物在没有酶的条件下,也能进行氧化还原反应(即非酶促反应),因此,最后计算此酶

活力时必须扣除非酶促反应所引起的 GSH 减少的部分。GSH 量的测定：GSH 和二硫代双二硝基苯甲酸(DTNB)作用生成 5-硫代二硝基苯甲酸阴离子呈现较稳定的黄色,在 412 nm 处测定其吸光度即可计算出 GSH 的量。

检测方法:严格按照试剂盒说明书进行操作。

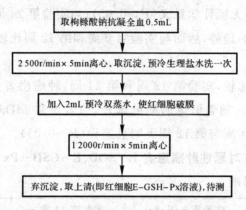

图 3-2　E-GSH-Px 溶液制备流程图

3)血浆丙二醛含量检测。肝素钠抗凝血 1mL 用于血浆脂质过氧化物 MDA 含量检测,方法采用硫代巴比妥酸法。

原理:血浆过氧化脂质降解产物 MDA 可与硫代巴比妥酸(TBA)缩合,形成红色产物,在 532nm 处有最大吸收峰。

严格按照试剂盒操作说明书操作步骤进行。

3.1.5　统计学处理

结果用平均值±标准差(M±SD)表示,所有数据均采用 SPSS15.0 软件进行数据处理,组内比较采用重复测量方差分析,两组以上组间比较采用单因素方差分析,显著性水平为 $P < 0.05$。

3.2　结　　果

3.2.1　自控锻炼对恶性肿瘤患者 E-SOD,E-GSH-Px 活性及血浆 MDA 含量的影响

如表 3-1 和图 3-3、图 3-4、图 3-5 所示,自控锻炼 12 周后,术后康复期

恶性肿瘤患者 E-SOD 活性显著高于实验第 0 周（$P<0.01$），继续锻炼到第 24 周时，E-SOD 活性较实验第 12 周明显下降（$P<0.01$），但仍略高于实验第 0 周，虽然差异无统计学意义（$P>0.05$）。

在 12 周自控锻炼干预后，与实验第 0 周比较，患者 E-GSH-Px 活性略有升高趋势，但差异无统计学意义（$P>0.05$）；当实验第 24 周时，E-GSH-Px 活性继续保持升高的趋势，然而与实验第 0 周和第 12 周比较，均无统计学差异（$P>0.05$）。

与实验第 0 周比较，实验第 12 周和第 24 周，肿瘤患者血浆 MDA 水平均明显降低（$P<0.01$），随着锻炼时间的延长，患者血浆 MDA 水平继续保持低水平状态，实验第 24 周与第 12 周无明显差异（$P>0.05$）。

表 3-1　自控锻炼对恶性肿瘤患者 E-SOD,E-GSH-Px 活性及血浆 MDA 含量的影响

测试指标	实验第 0 周	实验第 12 周	实验第 24 周
E-SOD(U/gHB)	13 570.92±2 578.41	17 431.23±2 037.01＊＊	14 631.01±2 175.23 ＃＃
E-GSH-Px(U/gHB)	408.85±131.87	430.10±104.46	448.85±98.97
MDA(nmol/mL)	6.15±2.09	3.26±0.65＊＊	3.17±0.67＊＊

注：＊＊$P<0.01$，与实验 0 周比较；＃＃ $P<0.01$，与实验 12 周比较。

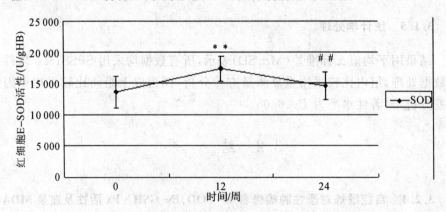

图 3-3　自控锻炼对恶性肿瘤患者 E-SOD 活性影响

注：＊＊$P<0.01$，与实验 0 周比较；＃＃ $P<0.01$，与实验 12 周比较。

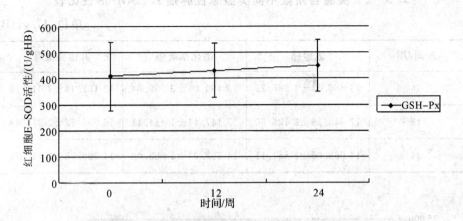

图 3 - 4　自控锻炼对恶性肿瘤患者 E - GSH - Px 活性的影响

注：＊＊P＜0.01，与实验 0 周比较。

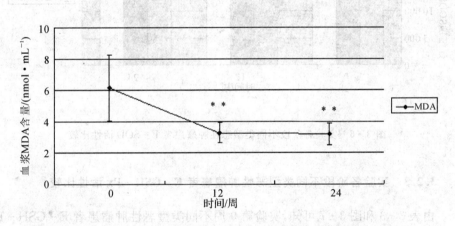

图 3 - 5　自控锻炼对恶性肿瘤患者血清 MDA 水平的影响

3.2.2　实验各阶段不同类型恶性肿瘤 E - SOD 活性比较

如表 3 - 2 和图 3 - 6 所示，无论是实验第 0 周、第 12 周，还是实验第 24 周，不同类型恶性肿瘤患者 E - SOD 活性均无明显差异（P＞0.05）。

表 3 - 2　实验各阶段不同类型恶性肿瘤 E - SOD 活性比较

单位：U/gHB

时间/周	乳腺癌	消化系统癌	其他类型癌
0	13 886.34±1 985.25	13 490.09±3 509.84	12 152.44±3 011.19
12	17 443.29±2 126.60	17 147.11±1 414.11	16 695.72±2 976.48
24	14 668.05±2 561.11	14 553.93±1 583.08	14 385.78±1 753.71

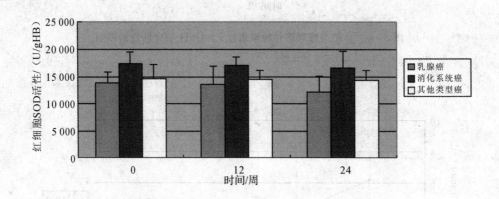

图 3 - 6　实验各阶段不同类型恶性肿瘤患者 E - SOD 活性比较

3.2.3　实验各阶段不同类型恶性肿瘤患者 E - GSH - Px 活性比较

由表 3 - 3 和图 3 - 7 可知，实验第 0 周不同类型恶性肿瘤患者 E - GSH - Px 活性无明显差异（$P > 0.05$）；自控锻炼至 12 周时，乳腺癌患者 E - GSH - Px 活性显著高于消化系统癌患者（$P < 0.05$），而消化系统癌与其他类型肿瘤、乳腺癌与其他类型患者 E - GSH - Px 活性均无明显差异（$P > 0.05$）；自控锻炼 24 周后，各种类型肿瘤患者 E - GSH - Px 活性均无明差异（$P > 0.05$）。

表 3 - 3　实验各阶段不同类型恶性肿瘤患者 E - GSH - Px 活性比较

单位:U/gHB

时间/周	乳腺癌	消化系统癌	其他类型癌
0	403.15±134.77	403.70±106.41	412.43±118.56
12	474.27±97.08	386.64±128.45*	419.20±94.16
24	457.31±108.62	466.07±80.80	402.11±100.43

注:$P<0.05$,与乳腺癌比较。

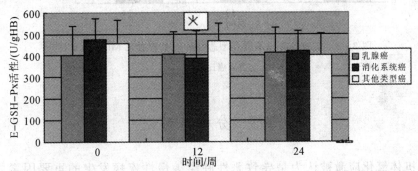

图 3 - 7　实验各阶段不同类型恶性肿瘤患者 E - GSH - Px 活性比较

注: * $P<0.05$,与乳腺癌比较。

3.2.4　实验各阶段不同类型恶性肿瘤患者血浆 MDA 含量比较

如表 3 - 4 和图 3 - 8 所示,实验第 0 周时,康复期乳腺癌患者血浆 MDA 水平均明显高于消化系统癌及其他类型肿瘤患者($P<0.05$);自控锻炼 12 周后,所有类型患者血浆 MDA 水平均无显著差异($P>0.05$);并且继续坚持自控锻炼 24 周后,乳腺癌、消化系统癌和其他类型患者血浆 MDA 水平均仍然保持较低水平,且相互之间均无统计学差异($P>0.05$)。

表 3 - 4　实验各阶段不同类型肿瘤患者血浆 MDA 含量比较

单位:nmol/mL

时间/周	乳腺癌	消化系统癌	其他类型癌
0	6.79±1.92	5.20±1.96 *	4.95±1.94 * *
12	3.38±0.68	2.97±0.62	3.41±0.71
24	3.32±0.78	3.05±0.72	3.16±0.37

注: * $P<0.05$, * * $P<0.01$,与乳腺癌比较。

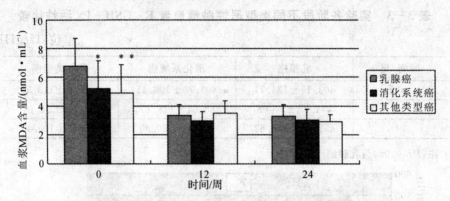

图 3-8　实验各阶段不同类型恶性肿瘤患者血浆 MDA 含量比较

注：$*P<0.05$，$**P<0.01$，与乳腺癌比较。

3.3　分析与讨论

机体氧化应激被认为是导致恶性肿瘤等慢性疾病发生的重要因素之一，内源性抗氧化酶在机体内合成并成为机体对抗自由基的防御体系。SOD 是抗氧化防御体系的第一道防线。恶性肿瘤患者红细胞 SOD 及 GPX 活性降低，抗氧化功能低下；血清 MDA 升高，体内脂质过氧化水平增加。有规律的运动锻炼能够提高机体抗氧化防御系统功能，降低脂质过氧化水平。研究认为运动锻炼是治疗慢性疾病包括癌症的有效手段之一。运动对慢性疾病的预防作用可能与机体对氧化应激的适应有关。运动诱导氧化刺激相关适应的过程不仅是 ROS 生成的增多，最主要的是运动提高了抗氧化酶及机体防御酶类如氧化损伤修复酶的活性。因此，运动产生的效应似乎具有毒物作用效应；另外，运动产生的氧化刺激效应是系统性的，虽然骨骼肌、肝脏、脑在运动中具有不同的代谢特征及功能，但是对运动的适应是相同的：抗氧化/氧化损伤修复酶的提高；氧化损伤降低；抗氧化应激能力增加等；这些都与机体氧化还原动态平衡有关。

SOD 是被广泛研究的抗氧化酶类之一，细胞内 SOD 能有效地清除机体代谢过程中产生的超氧阴离子等自由基，把具有细胞毒性的超氧阴离子自由基歧化为 H_2O_2 和 O_2，H_2O_2 由 GSH-Px 及过氧化氢酶（Catalase CAT）再进一

步分解为 H_2O 和 O_2,从而保护组织、器官免受氧化损伤。然而关于 E - SOD 活性对于运动应答的研究结果存在着不一致性。有研究认为,急性运动可增强 SOD 活性,其原因可能是对运动过程中过氧化产物增加的一种防御反应。部分研究认为短期或长期运动并不能提高血浆、红细胞、骨骼肌、肺、心脏及肝脏等组织及器官内 SOD 活性。也有研究发现,经常参加训练的长跑运动员E - SOD,E - GSH - Px,E - CAT 活性明显高于非运动员;动物实验也表明,8 周耐力性运动可使 E - SOD 活性明显提高。而本实验结果显示,12 周自控锻炼后,癌症患者康复期 E - SOD 活性较实验前提高了 17.94%($P<0.001$),与上述长期坚持运动提高人或动物 E - SOD 活性的研究结果一致。SOD 高表达能够抑制甲状腺癌发生发展。Weydert 等研究也认为,无论是 MnSOD 还是 CuZnSOD 高表达均能够抑制肿瘤细胞生长。提示,具有一定强度的自控锻炼能够改善红细胞抗氧化功能,提高其抗氧化酶活性,促进超氧阴离子的转化,对于机体抗肿瘤作用的发挥具有积极意义。长期坚持长跑运动的老年人,虽然 E - SOD 含量低于无锻炼习惯的老年人,但其活性却明显高于非锻炼者,该作者认为可能是运动提高了 SOD 利用率,在一定程度上保持了 SOD 活性。这可能也是本实验 E - SOD 活性升高的机制之一。另外,Moffarts 研究发现,红细胞膜流动性与血液抗氧化功能成正相关,而本研究中患者,E - SOD 活性的提高也可能与长期锻炼使红细胞产生适应性变化,红细胞膜 $Na^+ - K^+ - ATP$ 酶活性增加,膜流动性增强,变性能力增加,使红细胞完整功能得以保持和增强有关。然而实验进行到第 24 周后,癌症患者 E - SOD 活性较第 12 周下降了 18%,即其活性又恢复到实验前水平,是否与患者机体对锻炼的适应有关? 或者是对机体自由基水平降低的一种适应性反应? 这种不稳定的变化趋势需要继续长期跟踪或更进一步的实验研究证实。

谷胱甘肽过氧化物酶是机体内广泛存在的一种重要的催化过氧化氢分解的酶。能够清除细胞呼吸代谢过程中产生的氢过氧化物和羟自由基,从而减轻细胞膜脂质过氧化作用。有规律的体育锻炼能否提高机体 GSH - Px 活性,关于人和动物的研究结果均存在着矛盾。Balakrishnan 等研究认为,健康人进行一次性运动可提高 E - GSH - Px 活性;动物实验显示,急性运动能够提高骨骼肌 GSH - Px 活性。耐力运动可以提高健康人 E - SOD,E - GSH - Px 活性。

而 Tauler 等则发现,无论抗氧化饮食补充还是大强度运动锻炼对机体 E-GSH-Px 活性均无明显影响;Bejma 的动物实验也有相同的结果。本实验观察到 12 周自控锻炼后,恶性肿瘤患者 E-GSH-Px 活性与实验前比较虽然无明显差异($P>0.05$),但略有升高趋势,并且实验进行至第 24 周时,E-GSH-Px 活性仍然保持升高趋势,然而无论与实验第 12 周比较还是与第 0 周比较,这种差异依然无统计学意义($P>0.05$)。本实验结果与 Tauler 等人研究结果一致。同时也支持了 Rush 等人的研究结论,Rush 与合作者研究发现,中等强度运动对健康成人血浆 GSH-Px 活性无明显影响。12 周自控锻炼后,患者 E-GSH-Px 活性无明显改变是否与 SOD 活性增加导致 H_2O_2 生成增多从而对 E-GSH-Px 活性产生抑制作用有关,仍需进一步研究。但是离体实验表明,一定范围内,CuZnSOD/GSH-Px 活性比值与肿瘤细胞生长速率成负相关。实验第 24 周患者 E-GSH-Px 活性呈持续上升趋势($P>0.05$),主要原因之一可能是随着机体 E-SOD 活性的缓慢回落,生成 H_2O_2 量减少,GSH-Px 活性抑制作用解除,表现为患者 E-GSH-Px 活性的逐步升高。Abiaka 等研究认为,与健康人比较,患者 E-SOD 活性下降程度较 E-GSH-Px 活性更为严重;无论是健康人还是肿瘤患者,E-SOD 活性与 E-GSH-Px 活性均无明显相关性。其实验结果对本实验中无论 12 周还是 24 周自控锻炼对术后康复期恶性肿瘤患者 E-GSH-Px 活性影响无统计学意义也是一个理论支持。同时本实验结果提示,E-GSH-Px 活性可能对自控锻炼刺激不敏感。

有关不同类型肿瘤患者机体红细胞抗氧化酶活性及血浆 MDA 水平之间比较的文献并不多见,多数相关研究是综合多种肿瘤类型的结果,本实验中对不同类型肿瘤患者机体红细胞主要抗氧化酶活性进行比较,发现不同类型的肿瘤患者机体红细胞抗氧化酶活性基本一致。本研究观察到肿瘤患者结束手术结合化疗常规治疗后,参加自控锻炼前,无论是乳腺癌、消化系统癌还是其他类型肿瘤患者 E-SOD,E-GSH-Px 活性均无明显差异($P>0.05$),提示不同类型肿瘤患者结束手术结合化疗常规治疗后,机体红细胞抗氧化功能无明显差异。

第 12 周自控锻炼后,乳腺癌、消化系统癌及其他类型肿瘤患者 E-SOD 活性均明显升高,且各组间 E-SOD 活性均无显著差异($P>0.05$)。提示,12 周自控锻炼能够明显提高不同类型肿瘤患者 E - SOD 活性,并且其升高幅度基本相同。自控锻炼进行到第 24 周时,三组不同类型恶性肿瘤患者 E - SOD 活性仍无显著差异($P>0.05$),但与实验第 12 周比较,乳腺癌、消化系统癌及其他类型肿瘤患者 E - SOD 活性均明显下降,分别下降了 17.14%($P<0.001$),17.46%($P<0.001$)和 19.8%($P<0.001$),基本恢复到实验第 0 周水平,其具体机制还不甚清楚,可能跟机体对运动锻炼以及机体内自由基水平的适应有关。

　　然而,自控锻炼对不同类型肿瘤患者康复期 E - GSH - Px 活性产生的效应却略有差异,实验前乳腺癌、消化系统癌、肺癌和卵巢癌等其他肿瘤患者 E - GSH - Px 活性无明显差异,自控锻炼 12 周后,乳腺癌患者 E - GSH - Px 活性有明显上升趋势,但差异无统计学意义($P>0.05$)。消化系统癌及其他类型肿瘤患者进行 12 周自控锻炼后,E - GSH - Px 活性均有下降趋势($P>0.05$),并且不同类型肿瘤患者之间呈现出了 E - GSH - Px 活性的差异,消化系统癌症类型 E - GSH - Px 活性明显低于乳腺癌患者,与其他类型癌症患者无明显差异。这种现象可能与乳腺癌自身高氧化应激程度高于消化系统癌症患者有关,乳腺癌症患者实验前血浆 MDA 含量明显高于消化系统癌,这种相对较高的氧化应激状态可能需要动员更多的自由基清除体系以保持内环境稳定,从而产生机体的代偿性反应,表现为乳腺癌患者 E - GSH - Px 活性较消化系统癌偏高。自控锻炼 24 周后,不同癌症类型 E - GSH - Px 活性趋于一致,各组之间无明显差异($P>0.05$)。提示,随着实验时间的延长,机体对运动的适应能力增加,红细胞抗氧化酶活性亦趋于一种相对稳定状态。

　　MDA 是自由基作用于脂质发生过氧化反应的终产物,具有较强的细胞毒副作用,脂质过氧化作用的主要部位是生物膜上不饱和脂肪酸及大分子蛋白。血浆 MDA 来源于机体组织,细胞代谢过程中生成的 MDA 释放入血。研究认为,恶性肿瘤患者机体处于氧化应激状态,血浆 MDA 水平明显高于健康对照。运动与 MDA 关系的研究文献很多,然而同样存在着结论的不一致性。Knez 等研究认为,长期坚持耐力性运动锻炼可以降低安静状态下血浆 MDA 水平。Kostka 则发现,血浆 MDA 水平与身体活动无明显相关性,认为身体活动及有氧运动能力不是影响机体安静 MDA 的主要因素,对机体安静状态下的慢性氧化损伤既无保护作用亦无伤害作用。还有研究发现，短跑运动员、马拉松运动员及青少年游泳运动员安静状态下血浆 MDA 水平明显高于非运动员。本研究结果显示，12 周自控锻炼后，肿瘤患者血浆 MDA 水平明显降低，较实验前下降了 46.99%（$P < 0.01$），随着自控锻炼时间的延长，这种血浆 MDA 低水平状态保持，实验第 24 周较实验第 0 周下降了 48.45%（$P < 0.001$），较实验第 12 周下降了 2.76%（$P > 0.05$）。提示长期有规律的自控锻炼能够改善肿瘤患者氧化应激状态，降低脂质过氧化造成的机体损伤。与 Knez 等人研究结果一致。Zawadzak Bartczak 的研究结果也支持这一观点，中等强度身体活动能够维持机体内氧化还原反应平衡，次最大强度的身体活动不仅能够降低 MDA 水平，同时还能增加红细胞抗氧化酶（包括 E-SOD，E-GSH-Px，E-CAT）活性。第 12 周自控锻炼后，肿瘤患者血浆 MDA 含量降低，24 周后，血浆 MDA 水平依然维持在较低水平，其机制可能与 E-SOD 和 E-GSH-Px 等抗氧化酶活性升高有关，E-SOD 抗氧化酶活性的升高能够更好地清除超氧阴离子，阻止了自由基连锁反应的第一步，减少了 MDA 等脂质过氧化产物的产生，继而使细胞释放入血的 MDA 量减少。同时坚持锻炼 12 周后，血浆 MDA 水平明显下降，24 周后，血浆 MDA 水平仍有下降趋势。血浆 MDA 的持续下降可能与 E-GSH-Px 活性持续升高以及 E-SOD 活性保持高水平状态有关。提示，E-GSH-Px 活性升高可能更多地分解了机体内 H_2O_2 等羟自由基，减少了脂质过氧化物的生成和堆积。

本研究还发现，实验前乳腺癌血浆 MDA 水平分别明显高于消化系统癌及其他类型肿瘤患者（$P < 0.05$，$P < 0.01$），但是消化系统癌症患者血浆 MDA 含量与其他类型肿瘤患者无明显差异，提示乳腺癌患者机体氧化应激程度高于其他类型癌症患者，其确切机理还须进一步研究探讨。经过 12 周和 24 周自控锻炼后，与实验前比较，不同类型肿瘤患者血浆 MDA 水平均显著降低（$P < 0.01$），而自控锻炼 12 周与锻炼 24 周后，不同类型肿瘤患者血浆 MDA 水平均无明显差异（$P > 0.05$）。本实验研究结果与有关规律体育锻炼能够降低安静状态下机体血浆 MDA 水平研究结果一致，虽然也有研究认为 6 个月有氧运动锻炼对安静状态下中年女性血浆 MDA 无明显影响。同时，本实验结果提示，自控锻炼与其他体育锻炼方式相同，长期坚持有规律的自控锻炼，能够在一定程度上改善恶性肿瘤患者机体氧化应激状态,对于患者改善和维持内环境稳态具有积极意义。

3.4　结　论

(1)24 周自控锻炼能够改善术后恶性肿瘤患者红细胞抗氧化酶活性,有效提高红细胞抗氧化功能。

(2)24 周自控锻炼能够降低术后恶性肿瘤患者血浆脂质过氧化物水平,减少氧化应激对机体造成的过氧化损伤,对于维持肿瘤患者机体内环境稳态具有积极意义。

第4章 自控锻炼对恶性肿瘤患者淋巴细胞亚群表面分子表达的影响

4.1 材料与方法

4.1.1 主要实验仪

流式细胞仪（Epics XL）	美国 Beckman – coulter 公司
低温冰箱（Forma — 86℃）	美国 Thermo Electonic 公司
漩涡振荡器（Vortex Genie — 2）	美国 Scientific Industries 公司
微量移液器	上海 Dragon Medical Limited

4.1.2 主要试剂

鼠抗人 CD3 — FITC/CD16＋CD56 - PE 双标记单克隆抗体	
	美国 Beckman – coulter 公司
Optilyze C 溶血试剂	美国 Beckman – coulter 公司
ISOTON 鞘液	美国 Beckman – coulter 公司
CLENZ 清洗液	美国 Beckman – coulter 公司

4.1.3 血样采集及预处理

于实验第 0 周、第 12 周和第 24 周分别对受试者进行清晨空腹安静状态下肘静脉采血 2.5mL，分别置于枸橼酸钠无菌抗凝管及 EDTA 抗凝管中，轻轻摇匀。EDTA 抗凝血采血后即刻送到长海医院进行血常规检测。枸橼酸钠抗凝血进行流式细胞仪检测前的处理。

4.1.4 指标检测方法

（1）全血 $CD3^- CD16^+ CD56^+$ NK 细胞、$CD3^+ CD16^+ CD56$NKT、$CD3^+$ 细

胞定量检测采用直接免疫荧光标记流式细胞仪法。

(2)原理。淋巴细胞亚群分子流式细胞仪检测原理如红细胞 CD35 及 CD58 流式细胞检测相似,首先对淋巴细胞进行设门固定(见图 4-1)。NK 细胞是无特异性表面分子,本实验是以 $CD3^- CD16^+ CD56^+$ 表达测定 NK 细胞数量的 CD3,NK,NKT 细胞流式细胞测检如图 4-2、图 4-3 所示。

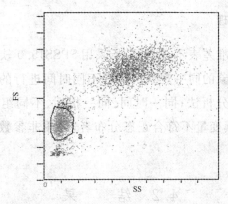

图 4-1　淋巴流式细胞仪检测图(依据淋巴前向散射光和侧向散射光参数
对淋巴细胞进行设门,a 门内为淋巴细胞)

注:SS—反映细胞内部结构复杂程度;FS—反应细胞体积大小

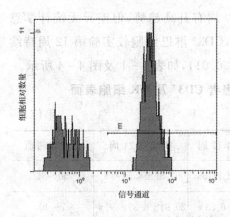
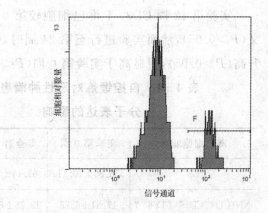

图 4-2　CD3-FITC 荧火细胞仪检测图　　　图 4-3　CD16+56-PE 荧光标记检测图

(3)步骤。具体操作步骤如下:

1)在预先编号的流式试管中加入 CD3 - FITC/CD16CD56 - PE 抗

体 10μL。

2)加入待测全血液样品 30μL,漩涡振荡混匀;避光静置 20min。

3)分别加入 Optilyze 溶血素 100μL,及时混匀,室温避光静置 30min。

4)加入鞘液 200μL;漩涡混匀。

5)有专门流式人员上机检测。

4.1.5 统计学处理

数据用均值±标准差表示,统计分析采用 SPSS15.0 软件包,用 Excel 2003 作图。对同一观察对象的同一观察指标在不同时间进行的多次测量数据采用单变量重复测量方差分析法;同一时间、同一指标、不同组间的测量数据采用单因素方差分析,连续变量不符合正态分布者,采用非参数秩和检验。其显著性水平为 $P < 0.05$。

4.2 结　果

4.2.1 自控锻炼对恶性肿瘤患者 CD3$^+$,NK 及 NKT 细胞数量的影响

实验第 12 周 CD3$^+$ T 淋巴细胞较第 0 周有升高趋势,但差异无统计学意义($P > 0.05$),然而实验进行至第 24 周时,CD3$^+$ 淋巴细胞较实验第 12 周持续升高($P > 0.05$),明显高于实验第 0 周($P < 0.01$),如表 4-1 及图 4-4 所示。

表 4-1　自控锻炼对恶性肿瘤患者 CD3$^+$ 及 NK 细胞表面
分子表达的影响　　　　　　　　　单位:%

淋巴细胞亚群	实验第 0 周	实验第 12 周	实验第 24 周	正常参考值
CD3$^+$	56.89±10.11	61.14±11.59	62.89±8.60 * *	50~84
NK(CD3$^-$ CD16$^+$ CD56$^+$)	17.31±6.28	19.28±6.53 *	20.94±6.89 * * #	7~40
NKT(CD3$^+$ CD16$^+$ CD56$^+$)	3.71±2.47	4.85±2.76 *	4.35±3.26	0.89~17.0

注: * $P < 0.05$, * * $P < 0.01$,与实验第 0 周比较; # $P < 0.05$,与实验第 12 周比较。

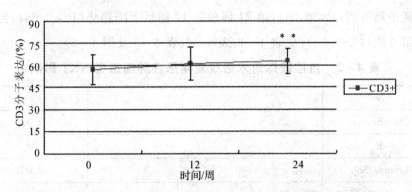

图 4 - 4　自控锻炼对恶性肿瘤患者 CD3$^+$ 细胞表明分子表达的影响

注：* * $P<0.01$，与实验第 0 周比较。

与实验第 0 周比较，实验第 12 周恶性肿瘤患者 CD3$^-$CD16$^+$CD56$^+$ NK 细胞百分比明显升高（$P<0.05$），实验第 24 周，CD3$^-$CD16$^+$CD56$^+$ NK 细胞百分比不仅明显高于实验第 0 周（$P<0.01$），还显著高于实验第 12 周（$P<0.05$），如表 4 - 1 及图 4 - 5 所示。

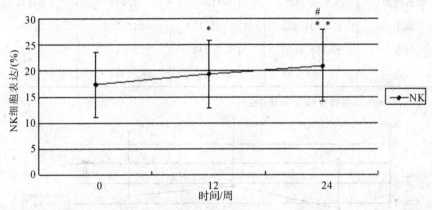

图 4 - 5　自控锻炼对恶性肿瘤患者 NK 细胞数量的影响

注：* $P<0.05$，* * $P<0.01$，与实验第 0 周比较；# $P<0.05$，与实验第 12 周比较。

由于收集到的 NKT 数据不符合正态分布，采用非参数 Fridman Test 检验结果，Chisquare 卡方统计 $\chi^2=9.923$，$P=0.007$（见表 4 - 2），表明自控锻炼对患者 CD3$^+$CD16$^+$CD56$^+$ NKT 细胞产生明显影响，进一步经秩转换后的方差分析及多重比较发现，实验第 12 周患者外周血 CD3$^+$CD16$^+$CD56$^+$ NKT 表达明显高于第 0 周($P<0.05$),第 24 周较第 12 周呈下降趋势($P>0.05$),但仍略高于第 0 周($P>0.05$)(见表 4－1、表 4－2、表 4－3 及图 4－6)。

表 4－2　自控锻炼对术后康复期恶性肿瘤患者 NKT 影响

N		30
Chi－Square		9.923
df		2
Asymp. Sig.		0.007
Monte Carlo Sig.	Sig.	0.006
	99% Confidence Interval　Lower Bound	0.004
	Upper Bound	0.008

注:此表采用非参数秩和检验方法。

表 4－3　NKT 经秩转换后的方差分析

变异来源	Ⅲ类方差 SS	均方 MS	F 值	P 值
矫正模型	2 156.880[a]	1 078.440	2.043	0.137
截距	130 831.123	130 831.123	247.798	0.000
分组	2 156.880	1 078.440	2.043	0.137
误差	40 653.070	527.975		

注:a,$R^2=0.050$(矫正后 $R^2=0.026$)。

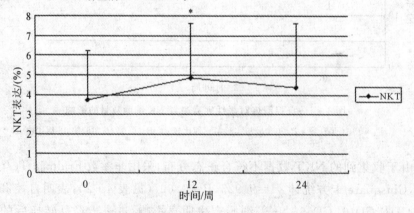

图 4－6　自控锻炼对术后康复期恶性肿瘤患者 NKT 细胞的影响

注:＊$P<0.05$,与实验第 0 周比较。

4.2.2　实验各阶段不同类型恶性肿瘤患者外周血 CD3$^+$ 淋巴细胞比较

表 4-4 及图 4-7 显示,仅在实验第 12 周发现其类型恶性肿瘤患者外周血 CD3$^+$ 表达明显高于乳腺癌患者外($P<0.05$),实验其他各阶段、不同组间患者外周血 CD3$^+$ 细胞表达均无明显差异($P>0.05$)。

表 4-4　实验各阶段不同类型癌恶性肿瘤患者外周血 CD3$^+$ 淋巴细胞比较

单位:%

肿瘤类型	第 0 周	第 12 周	第 24 周
乳腺癌	57.40±9.69	55.82±15.57	63.01±6.75
消化系统癌	55.18±10.57	61.54±8.31	60.81±9.74
其他类型	57.51±13.24	66.37±11.50*	65.52±9.50

注:* $P<0.05$,与实验第 0 周比较。

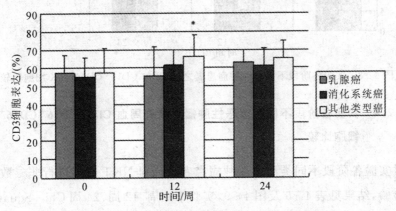

图 4-7　实验各阶段不同类型恶性肿瘤患者 CD3$^+$ 淋巴细胞数量比较

4.2.3　实验各阶段不同类型恶性肿瘤患者外周血 CD3$^-$ CD16$^+$ CD56$^+$ NK 细胞比较

如表 4-5 及图 4-8 所示,在整个实验过程中,即无论实验第 0 周还是实验第 12 周、24 周,不同类型恶性肿瘤患者外周血 CD3$^-$ CD16$^+$ CD56$^+$ NK 细胞相对数量均无明显差异($P>0.05$)。

表 4-5 实验各阶段不同类型恶性肿瘤患者外周血 CD3⁻CD16⁺CD56⁺NK 细胞比较

（单位：%）

肿瘤类型	第 0 周	第 12 周	第 24 周
乳腺癌	17.03±4.71	17.28±5.41	19.03±4.26
消化系统癌	19.82±7.68	22.70±7.73	22.23±8.65
其他类型癌	17.29±8.55	21.06±9.60	21.55±8.68

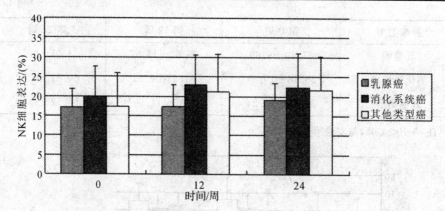

图 4-8 实验各阶段不同恶性肿瘤患者之间 CD3⁻CD16⁺CD56⁺NK 细胞比较

4.2.4 实验各阶段不同类型恶性肿瘤患者外周血 CD3⁺CD16⁺CD56⁺NKT 细胞比较

对实验各阶段不同类型恶性肿瘤患者外周血 NKT 数据进行非参数 K-W 秩和检验，结果见表 4-6 及图 4-9，实验第 0 周、12 周、24 周 Chi-Square 分别为 $\chi^2=3.938$，$P=0.140$；$\chi^2=4.273$，$P=0.118$；$\chi^2=5.875$，$P=0.053$；表明，实验各阶段不同类型恶性肿瘤患者外周血 NKT 细胞均无明显差异。

表 4-6 实验各阶段不同类型恶性肿瘤患者 CD3⁺CD16⁺CD56⁺NKT 细胞比较

单位：%

肿瘤类型	第 0 周	第 12 周	第 24 周
乳腺癌	5.36±3.89	6.50±4.90	6.13±5.20
消化系统癌	3.27±2.64	4.13±2.89	3.30±2.70
其他类型癌	5.87±4.86	7.28±4.22	5.46±2.17

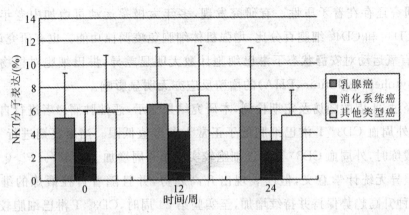

图 4 - 9　实验各阶段不同恶性肿瘤患者 $CD3^+CD16^+CD56^+$ NKT 细胞比较

4.3　分析与讨论

在肿瘤发展过程中常常伴随有机体免疫监视受损、免疫因子异常、细胞免疫功能失调等现象。近年来，T 淋巴细胞亚群、NK 细胞、NKT 细胞数量及功能与肿瘤免疫之间的关系受到广泛关注。$CD3^+$ 被认为是成熟 T 淋巴细胞的共同分化抗原，$CD3^+$ T 淋巴细胞在肿瘤免疫过程中发挥重要作用，从肿瘤抗原的识别、提呈及各种淋巴因子的分泌，T 淋巴细胞都占有重要地位，并且与肿瘤的发展和预后密切相关。Calon 等研究发现，结、直肠癌患者无复发者，肿瘤组织周围 $CD3^+$ T 淋巴细胞浓度明显高于复发者；肿瘤组织周边 $CD3^+$ T 淋巴细胞浓度较高者，5 年生存率为 73%，而 $CD3^+$ T 细胞浓度较低者 5 年生存率仅为 30%。运动锻炼对机体免疫功能的影响存在着剂量效应，即运动形式、运动强度、运动持续时间不同，包括 T 淋巴细胞在内的免疫细胞对其做出的免疫应答反应不同。中等强度运动可增加机体抗炎症反应及解毒功能、降低包括癌症在内等慢性疾病的发生率；而持续高强度运动则会导致机体氧化应激程度增加，免疫功能受到抑制。一次急性运动后可增加循环血中 T 淋巴细胞亚群 $CD4^+$，$CD8^+$ T 细胞及 NK 细胞循环数量，中等强度运动亦可增加 NK 细胞及中性粒细胞循环量。

　　然而,长期有氧锻炼对于安静状态下机体 $CD3^+T$ 淋巴细胞数量及功能影响的研究还存在着矛盾性。有研究发现,多年太极拳运动可增加中老年人外周血 $CD3^+$ 和 $CD4^+$ 细胞百分比,增强机体细胞免疫调控功能。也有研究认为,12 周有氧运动对安静状态下淋巴细胞计数无明显差异,淋巴细胞对植物凝集素(Phytohemagglutinin,PHA)的增殖反应亦无明显影响。

　　经过 24 周的随访及定期检测,本研究结果显示,恶性肿瘤患者进行自控锻炼前,外周血 $CD3^+T$ 淋巴细胞低于正常人参考值低限。当康复期进行 12 周自控锻炼时,外周血 $CD3^+T$ 淋巴细胞较实验第 0 周增加了 8.58%($P>0.05$),虽然差异无统计学意义,但已表现出升高趋势,并且随着自控锻炼的继续进行,这种升高趋势保持并持续增加,至实验第 24 周时,$CD3^+T$ 淋巴细胞较实验第 0 周提高了 13.60%($P<0.01$)。提示,长期坚持自控锻炼能够增加成熟 T 淋巴细胞数量,对于改善恶性肿瘤患者机体免疫监视、发挥效应细胞及免疫调控作用具有积极意义,并且有利于患者预后及生存期的延长。有研究认为,贲门癌患者 $CD3^+T$ 淋巴细胞数量与有无淋巴结转移及肿瘤侵袭程度成明显负相关,$CD3^+T$ 淋巴细胞大量活化可延长患者生存时间。本研究中 $CD3^+T$ 淋巴细胞数量随着锻炼而增加提示,可能对于肿瘤转移具有一定的抑制作用。我们的研究结果与刘静等研究结果一致,4 个月太极拳锻炼可明显提高中老年女性 $CD3^+T$ 淋巴细胞含量,并且锻炼持续进行至 12 个月,这种提高效应可以得以保持。一项抗阻力研究也有类似结果,10 周抗阻力锻炼能够使前列腺癌患者安静状态下外周血淋巴细胞计数明显增加。动物实验也有相似结果,8 周自由跑轮运动可明显增加亚健康状态下脾淋巴细胞数量,减弱复合应激对大鼠淋巴细胞的抑制作用。然而也有与本实验结论不一致的研究,5 周功率自行车运动训练对健康成年男性 $CD3^+$ 细胞无明显影响,这可能跟受试对象的差异及运动训练持续时间不同有关。董矜等研究认为,坚持长期运动的优秀二级运动员淋巴细胞百分比高于非运动员,而 $CD3^+T$ 淋巴细胞数量及 NK 细胞等淋巴细胞亚群百分含量反而有降低趋势,处于正常临床参考范围。持续 21 周的抗阻训练对安静状态下无论年轻人还是老年人 T 淋巴细胞数量均无明显影响。

　　对于不同类型恶性肿瘤患者之间 $CD3^+T$ 淋巴细胞比较研究还不多见,陈不尤等研究认为,恶性肿瘤患者 $CD3^+$ 和 $CD4^+$ 水平显著低于正常人群,而不同类型肿瘤患者 $CD3^+$ 无明显差异。本实验观察到第 0 和第 24 周各组不同类型肿瘤患者外周血 $CD3^+$ T 淋巴细胞均无明显差异($P>0.05$),仅在实验第 12 周时,其他类型恶性肿瘤患者 $CD3^+$ T 淋巴细胞与乳腺癌患者具有显著差异($P<0.05$),乳腺癌与消化系统癌、消化系统癌与其他恶性肿瘤患者之间差异均无统计学意义($P>0.05$)。上述研究结果表明,不同类型肿瘤患者机体 $CD3^+$ T 淋巴细胞对自控锻炼的免疫反应变化一致,适当的身体活动能够改善恶性肿瘤患者以 $CD3^+$ T 淋巴细胞为主的机体细胞免疫功能。

　　NK 细胞在发挥其抗病毒感染及抗肿瘤细胞免疫功能时,由于不受 MHC 限制而具有广泛杀伤作用,被认为是抵抗急慢性病毒感染、早期肿瘤细胞识别及抑制肿瘤扩散的第一道防线。动物实验表明,在体状态下,机体去除 NK 细胞会导致肿瘤生成增加及肺组织转移性损伤;而免疫功能缺失的肿瘤负荷动物接受 NK 细胞移植后,能够增加 NK 细胞的抗肿瘤效应。陈晓琳用流式细胞仪检测方法发现,恶性肿瘤病人不仅 $CD3^+$ 和 $CD4^+$ 显著低于正常人,NK 细胞水平也明显降低。体育锻炼可引起循环中 NK 细胞数目及活性的改变,但是有关其变化幅度及临床意义的研究存在有许多不同的观点。我们的研究发现,恶性肿瘤患者外周血 $CD3^-CD16^+CD56^+$ NK 细胞对自控锻炼的反应与 $CD3^+$ T 淋巴细胞基本一致,在 12 周自控锻炼后,$CD3^-CD16^+CD56^+$ NK 细胞水平较实验第 0 周增加了 7.33%($P<0.05$),差异具有统计学意义,随着自控锻炼时间的增加,患者外周血 $CD3^-CD16^+CD56^+$ NK 细胞水平在正常范围内持续增加,至实验第 24 周时,$CD3^-CD16^+CD56^+$ NK 细胞相对含量较实验第 0 周提高了 10.56%($P<0.01$),差异达到非常显著性水平;并且较第 12 周亦明显增加(+2.43%,$P<0.05$)。提示,长期坚持自控锻炼能够在正常生理值范围内提高 $CD3^-CD16^+CD56^+$ NK 细胞相对数量,在一定程度上改善恶性肿瘤患者免疫监视、更好地对抗肿瘤的发生发展。一项对长期自行车运动员研究发现,低强度训练期(冬季)安静状态下,NK 细胞活性明显高于对照组,并且 NK 细胞活性的增加主要是有血液中 NK 细胞百分含量的增加引起的,王凤妹等研究表明,第 12 周有氧运动和气功锻炼均可使老年女性外周血 NK 细胞百分含量显著升高,并且一次大强度运动训练后,有氧运动对机体 NK 细胞的影响较

气功锻炼更为明显。上述研究与我们的研究结果一致,长期坚持锻炼在一定程度上可提高血液中 NK 细胞比例,理论上为实现 NK 细胞毒性、活性提高提供必要的物质基础。有研究认为,运动对 NK 细胞数量的影响与一定数量外周血中 NK 细胞的杀伤活性变化趋势相似,提示 NK 细胞数量的改变与其活性变化关系密切。

　　本研究中还观察到无论是实验第 0 周还是实验第 12 和第 24 周,不同类型恶性肿瘤患者外周血 $CD3^-CD16^+CD56^+$ NK 细胞相对含量均无明显差异($P>0.05$),表明自控锻炼对各种恶性肿瘤患者的影响效应相同。关于这一方面的实验研究还没有太多的文献报道,仅国内一篇资料显示,乳腺癌、肝癌、胃癌、结肠癌、肺癌、鼻咽癌等各种不同类型恶性肿瘤患者 $CD3^+$ T 淋巴细胞、$CD4^+$ Th 细胞、$CD8^+$ Ts 细胞及 NK 细胞数量无明显差异,与我们研究结果一致。

　　NKT 细胞不仅表达 T 淋巴细胞表面标志(如 CD3、TCR$\alpha\beta$ 链),同时也表达 NK 细胞表面标志(如 NK1.1、CD16 等),但是 NKT 细胞不识别 MHC 类分子递呈的肽类抗原,而是识别非经典 MHC-Ⅰ类分子 CD1 递呈的糖脂类抗原。在抗肿瘤免疫反应中具有"双刃剑"功能。一方面,NKT 细胞可被 α-半乳糖神经酰胺(α-galactosyceramide,α-GalCer)和低浓度的 IL-12 激活,活化后的 NKT 细胞既可激活 NK 细胞,诱使其分泌穿孔素和 INF-γ,起到肿瘤抑制作用;也可通过一系列复杂的生化途径,诱导 CD8+T 细胞识别肿瘤肽并发挥其细胞毒性作用。另一方面, NKT 细胞也可通过分泌 IL-13 而减少 IL-12 的分泌量,或增加转化生长因子(Transforming Growth Factor-b, TGF-b)的产生,经由 STAT6 信号转导通路抑制细胞毒性 T 淋巴细胞(Cytotoxic T Lymphocyte, CTL)介导的肿瘤免疫,致使机体免疫监视下调,最终导致肿瘤发生。然而多数研究仍然支持 NKT 细胞在抗肿瘤免疫监视中发挥正向作用占主导地位。有研究报道,恶性肿瘤患者外周血循环 NKT 细胞数量减少,并且这种减少不受肿瘤类型和肿瘤体积的影响,但是与肿瘤发展程度有关,给予患者体内注射适当剂量 α-GalCer 致敏的树突状细胞(Dendritic Cell, DC),可使患者外周血 Vα24NKT 细胞大量扩增,释放穿孔素,破坏和杀伤癌细胞,从而抑制癌细胞扩散和转移。小鼠肝脏 NKT 细胞和 NK 细胞在体外可被 IL-2 或

IL-12 激活,产生干扰素-γ(interferon-γ, IFN-γ),抑制肿瘤生成和转移。同样人外周血中 NKT 细胞和 NK 细胞也可被 IL-12 活化,具有抗肿瘤细胞活性。这些研究结果显示,检测外周血 NKT 细胞数量可作为判断肿瘤发生发展的指标之一。

　　本研究结果显示,12 周自控锻炼可提高术后恶性肿瘤患者外周血 CD3$^+$ CD16$^+$CD56$^+$NKT 细胞相对含量,使其升高幅度达到 30.73%($P<0.05$),至实验第 24 周,CD3$^+$CD16$^+$CD56$^+$NKT 细胞含量已略有下降,但仍高于实验第 0 周(+17.25%,$P>0.05$)。CD3$^+$CD16$^+$CD56$^+$NKT 细胞对自控锻炼的波动性反应可能与机体对运动刺激及其适应有关,具体机理还需要进一步研究。

　　Molling 等研究发现,头颈鳞癌患者循环血中稳定性 CD1 限制性 NKT 细胞(Invariant CD1D-restricted Natural Killer, iNKT)水平较低者,3 年生存率为 39%,中等水平者生存率为 75%,高水平者生存率可达 92%。回归分析表明,即使排除年龄混杂因素的影响,循环 iNKT 细胞水平仍然是预测癌症患者局部复发及生存率的一个良好指标。我们的研究结果表明,长期自控锻炼提高恶性肿瘤患者 CD3$^+$CD16$^+$CD56$^+$NKT 细胞水平并能维持这种高水平状态,预示着自控锻炼可降低肿瘤复发的风险并可延缓生存年限。然而也有不一致的研究,早期(Ⅰ、Ⅱ期)乳腺癌、前列腺癌患者进行 8 周瑜伽结合放松、冥想练习对 T 淋巴细胞亚群 CD3$^+$,NK 和 NKT 水平均无明显影响,这可能跟随访时间不够长有关。同时在分析了实验各阶段不同恶性肿瘤患者外周血 CD3$^+$CD16$^+$CD56$^+$NKT 细胞的差异后,结果显示,实验各阶段虽然消化系统癌症患者 CD3$^+$CD16$^+$CD56$^+$NKT 细胞略低于乳腺癌和其他类型恶性肿瘤患者,但各组间差异无统计学意义($P>0.05$)。这表明不同类型恶性肿瘤对机体 CD3$^+$CD16$^+$CD56$^+$NKT 细胞产生的影响基本一致。正常健康成人 CD3$^+$ CD16$^+$CD56$^+$分子表达的 NKT 细胞参考值范围为 0.89%～17.0%,表明 NKT 细胞在机体内的变化幅度较大,也可能也是本研究结果离散程度较大的原因之一。

　　综上所述,本实验结果显示长期自控锻炼对恶性肿瘤患者康复期外周血 T 淋巴细胞亚群 CD3$^+$,CD3$^-$CD16$^+$CD56$^+$NK 和 CD3$^+$CD16$^+$CD56$^+$NKT 细胞等产生良性影响。然而,由于不同免疫细胞在抗肿瘤免疫反应中作用机制不同,尤其是 NKT 细胞被认为是抗肿瘤免疫反应的一把"双刃剑",其作用机制更为复杂,自控锻炼对这些细胞群的影响也会产生不同的变化趋势。另外,由于不同恶性肿瘤患者发病机制不同及不同肿瘤细胞对机体的正常细胞组织的损害机理及程度不同,致使锻炼对其影响程度略有差异,但无论是综合各种恶性肿瘤的实验结果,还是按病种分类的结果,其总体趋势均表现出 CD3$^+$,CD3$^-$CD16$^+$CD56$^+$NK 和 CD3$^+$CD16$^+$CD56$^+$NKT 细胞在外周血 T 淋巴细胞中比例的改变,并且这种变化趋势朝向于机体免疫功能的改善。分析其机制可能是长期有规律锻炼可改善血循环及淋巴循环,使循环 CD3$^+$ 细胞、CD3$^-$CD16$^+$CD56$^+$NK 及 CD3$^+$CD16$^+$CD56$^+$NKT 细胞进入和迁出淋巴器官的速度和含量增加,改善血循环中各淋巴细胞亚群的比例,使之更有利于各种免疫细胞及免疫因子之间的协调及相互作用的发挥。

4.4 结　论

(1)24 周自控锻炼可提高恶性肿瘤患者康复期外周血 CD3$^+$ T 淋巴细胞相对含量,有利于 T 淋巴细胞抗肿瘤免疫功能的发挥。

(2)24 周自控锻炼能够增加恶性肿瘤患者康复期外周血 CD3$^-$CD16$^+$CD56$^+$NK 细胞相对含量,为改善机体免疫监视及免疫杀伤肿瘤细胞能力提供保障。

(3)24 周自控锻炼可提高恶性肿瘤患者康复期外周血 CD3$^+$CD16$^+$CD56$^+$NKT 细胞相对含量,并可在相当长一段时间内保持较高水平,对于促进 CD3$^+$CD16$^+$CD56$^+$NKT 细胞对肿瘤的免疫抑制和免疫调控作用具有一定的积极意义。

第5章　自控锻炼对恶性肿瘤患者血清β-内啡肽及IL-2的影响

5.1　材料与方法

5.1.1　主要实验仪器

酶标仪(Multiskan — MK — 3)	美国 Thermo Scientific 公司
低温冰箱	美国 Thermo Electonic 公司
漩涡振荡器(Vortex Genie — 2)	美国 Scientific Industries 公司
微量移液器	上海 Dragon Medical Limited

5.1.2　主要试剂

人β-内啡肽(β-EP)酶联免疫检测试剂盒及人白细胞介素-2(IL-2)酶联免疫检测试剂盒均由美国 R&D 生物公司提供。

5.1.3　血样采集及预处理

于实验0周、第12周和第24周分别对受试者进行清晨空腹安静状态下肘静脉采血2mL,置于无菌促抗凝试管中,于室温下静置30min后,进行常规离心(2 500r/min×10min),收集上清,在−80℃低温保存备用。

5.1.4　指标检测及方法

血清β-内啡肽及 IL-2 含量测定采用双抗体夹心酶联免疫吸附法(Enzyme Linked Immunosorbent Assay,ELISA)。

原理:ELISA 的基础是抗原或抗体的固相化及抗原或抗体的酶标记。结合在固相载体表面的抗原或抗体仍保持其免疫学活性,酶标记的抗原或抗体既保留其免疫学活性，又保留酶的活性。受检标本与固相载体表面的抗原或抗体起反应。用洗涤的方法使固相载体上形成的抗原抗体复合物与液体中的其他物质分开。加入酶标记的抗原或抗体，通过反应也结合在固相载体上。加入酶反应的底物后，底物被酶催化成为有色产物，产物的量与标本中待测物质的量直接相关，因此，可以根据成色的深浅对待测物质进行定性或定量分析。

(1)血清 β-EP 含量测定。血清 β-EP 含量测定严格按照试剂盒操作说明书进行。具体步骤如下：

1)4℃低温保存的试剂盒于室温静置 30min。

2)取出酶标包被板设置空白孔、标准品孔和待测样品孔。空白孔不加样品及酶标试剂；标准孔加入稀释为不同浓度的标准品各 50μL；样品孔加入待测血清 50μL(血清最终稀释 5 倍)；轻轻混匀，经 37℃孵育 30min。

3)倒掉液体，甩干，各孔加满稀释 30 倍的洗涤液，振荡 30s，倒尽洗涤液，拍干，重复 5 次，再拍干。

4)除空白孔外，其余各孔分别加入酶标试剂 50μL，再加入显色剂 B50μL，轻轻振荡混匀；37℃避光孵育 10min。

5)每孔分别加终止液 50μL，轻轻混匀。

6)上机测定，以空白孔调零，在 450nm 波长下测量各孔吸光度(OD 值)。

7)根据标准品浓度及 OD 值做出标准曲线的直线回归方程，由样品 OD 值及回归方程计算出待测血清 β-EP 浓度。

(2)血清 IL-2 含量测定。血清 IL-2 含量测定严格按照试剂盒操作说明书进行。具体步骤参考 β-EP 含量测定。

5.1.5　统计学处理

所有数据均采用均值±标准差表示，SPSS15.0 统计软件处理。同一指标不同时间点所得数据采用重复测量方差分析方法；同一时间不同类型患者血清指标组间比较采用单因素方差分析。其显著性水平为 $P<0.05$。

5.2　结　果

5.2.1　自控锻炼对恶性肿瘤患者血清 β-EP 及 IL-2 含量的影响

酶联免疫双抗夹心法测定结果表明,恶性肿瘤患者血清 β-EP 含量在实验第 12 周,较实验第 0 周时有升高的趋势,但无统计学差异($P>0.05$);实验第 24 周时,β-EP 含量较实验第 12 周时显著降低($P<0.01$),并且较实验第 0 周偏低,但无统计学意义($P>0.05$),如表 5-1 和图 5-1 所示。

表 5-1 和图 5-2 所示为术后康复期恶性肿瘤患者血清 IL-2 水平随着自控锻炼的进行呈升高趋势,然而与实验第 0 周比较,无论是实验第 12 周,还是实验至 24 周,差异均无统计学意义($P>0.05$)。

表 5-1　自控锻炼对恶性肿瘤患者血清 β-EP 及 IL-2 含量的影响

血清指标	实验第 0 周	实验第 12 周	实验第 24 周
β-EP/(ng·L^{-1})	630.21±241.45	679.58±160.12	545.21±220.77 # #
IL-2/(pg·ml^{-1})	666..05±189.96	674.88±169.92	672.55±126.48

注:# # $P<0.01$,与实验第 12 周比较。

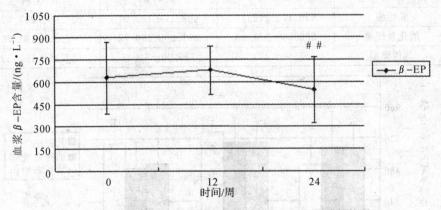

图 5-1　自控锻炼对恶性肿瘤患者血清 β-EP 影响趋势图

注:# # $P<0.01$,与实验第 12 周比较。

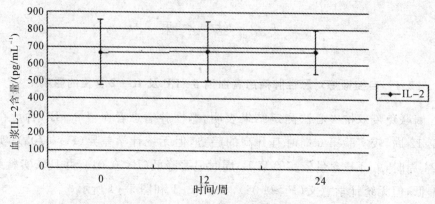

图 5-2 自控锻炼对恶性肿瘤患者血清 IL-2 影响趋势图

5.2.2 实验各阶段不同类型恶性肿瘤患者血清 β-EP 含量比较

实验各阶段不同恶性肿瘤类型之间血清 β-EP 含量比较显示,实验第 0 周、12 周和 24 周,乳腺癌、消化系统癌及肺癌、卵巢癌等其他类型恶性肿瘤患者之间均无显著性差异($P>0.05$),如表 5-2 和图 5-3 所示。

表 5-2 实验各阶段不同类型癌恶性肿瘤患者血清 β-EP 含量比较

单位:ng/L

肿瘤类型	第 0 周	第 12 周	第 24 周
乳腺癌	629.17±212.13	693.17±160.07	530.68±247.57
消化系统癌	653.50±271.53	691.00±190.72	502.50±194.70
其他类型	517.50±223.49	775.00±89.12	681.25±193.32

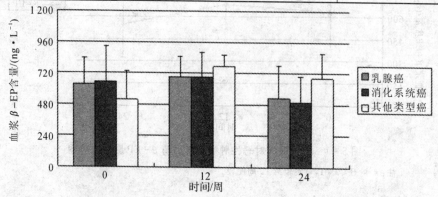

图 5-3 实验不同阶段恶性肿瘤患者血清 β-EP 含量比较

5.2.3　实验各阶段不同类型恶性肿瘤患者血清 IL-2 含量比较

表 5-3 和图 5-4 所示为实验第 0 周,肺癌、卵巢癌等其他恶性肿瘤患者血清 IL-2 含量明显低于消化系统癌($P<0.05$),其他各组之间均无明显差异;实验第 12 周和第 24 周,不同类型恶性肿瘤患者血清 IL-2 水平均无显著差异($P>0.05$)。

表 5-3　实验各阶段不同类型癌恶性肿瘤患者血清 IL-2 含量比较

单位:pg/mL

肿瘤类型	第 0 周	第 12 周	第 24 周
乳腺癌	611.21±143.05	645.71±146.90	691.91±119.44
消化系统癌	734.41±209.34	695.00±194.70	663.24±145.25
其他类型	524.26±176.21#	690.36±220.88	623.04±121.63

注:# $P<0.05$,与消化系统癌比较。

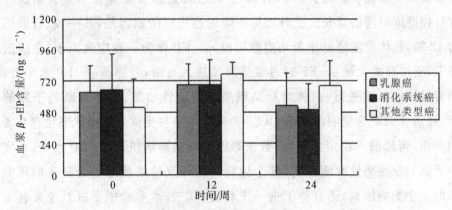

图 5-4　实验不同阶段恶性肿瘤患者血清 IL-2 含量比较

注:# $P<0.05$,与消化系统癌比较。

5.3　分析与讨论

β-EP 是内源性阿片肽的一种,内源性阿片肽主要由下丘脑、垂体及外周组织(如免疫系统)分泌合成。β-EP 肽能神经元的胞体在脑内分布于下丘脑基底部和延髓孤束核。其合成过程起始于相应的大分子前体蛋白如前体促阿黑皮素原(Proopiomelancortin, POMC)。免疫细胞内合成 β-EP 的前提物质 POMC mRNA 的表达较垂体中短,无信号肽序列,表明 β-EP 在免疫细胞内的分泌类似于细胞因子,不需前体信号即可释放。人 β-EP 是由 31 个氨基酸组成的,是一种异质性神经递质,具有较强的镇痛作用。β-EP 作为机体中活性最强的活性肽之一,在神经-内分泌-免疫调节网络中,是影响淋巴细胞增殖、抗体合成及 NK 细胞的细胞毒性等免疫功能的重要介质之一。低浓度 β-EP 可促进机体免疫功能;而高浓度 β-EP 时则对机体免疫机能产生抑制。研究认为,恶性肿瘤患者血浆 β-EP 水平明显高于健康人,而免疫机能受抑。

本研究结果显示,术后康复期恶性肿瘤患者进行 12 周自控锻炼,患者血清 β-EP 含量较实验第 0 周有升高趋势,但无统计学意义($P>0.05$);坚持自控锻炼 24 周后,血清 β-EP 含量明显回落,显著低于实验第 12 周水平($P<0.05$),与实验第 0 周无明显差异($P>0.05$)。恶性肿瘤患者血清 β-EP 含量这种随着自控锻炼时间的延长先上升而后下降的趋势可能原因是:其一,进行锻炼的前 12 周,机体可能还处于运动应激阶段,β-EP 作为一种应激因子,在应激状态下,垂体释放大量 β-EP 通过血脑屏障进入血液,致血清 β-EP 水平升高;随着锻炼的继续进行,机体对运动刺激的适应性增加,内环境渐趋于新的平衡,血清 β-EP 含量明显回落;其二,β-EP 水平与受试者情绪状态也存在着密切关系,情绪的不稳定如焦虑、紧张等因素均能影响机体 β-EP 水平,本实验中受试对象是恶性肿瘤患者,其个体病情差异及情绪状态是否是我们研究结果的一个影响因素,还有待于进一步验证;其三,本实验中受试对象来自于恶性肿瘤患者,病理状态的不同可能导致机体诸多生理生化指标的差异,个案观察分析结果显示,本实验中有 3 位受试者血清 β-EP 水平是其余患者的 10 倍以上,排除这三位奇异值之后的数据之间仍然存在较大差异,这可能也是影响实验结果变化趋势的因素之一。

实验 24 周后,本研究第 3 部分结果免疫机能的提高与血清 β-EP 水平的下降趋势可能存在一定关系,这与以往研究并不矛盾。长期坚持跑步等耐力性训练者,安静状态下血浆 β-EP 浓度下降。气功锻炼可以降低慢性疾病患

者血浆 β-EP 水平,提高外周血 T 淋巴细胞数量,改善细胞免疫功能。动物实验也支持这一观点,6 周大强度运动训练可导致大鼠下丘脑 β-EP 合成增强,垂体释放入血 β-EP 过多,使血浆 β-EP 含量明显升高,T 细胞和 B 细胞增殖能力降低,造成机体细胞免疫和体液免疫能力受抑;而中等强度运动训练对 β-EP 合成、分泌、释放等均无明显影响,血浆 β-EP 含量无明显变化,对淋巴细胞的增殖亦无明显影响。然而涂人顺等最新研究发现,绝经后妇女进行 6 个月健身气功六字诀练习后,血清 β-EP 含量升高,这可能与实验设计及受试者群体不同有关。

本研究还观察到,无论是实验第 0 周,还是实验第 12 周和 24 周,不同类型恶性肿瘤患者之间血清 β-EP 含量均无明显差异($P > 0.05$),提示自控锻炼对乳腺癌、消化系统癌及肺癌、卵巢癌等其他类型恶性肿瘤患者血清 β-EP 的效应是一致的,不存在癌种差异。我们的研究与前人研究结果一致,早期乳腺癌、肠癌、胃癌、肺癌患者血浆 β-EP 含量明显高于正常人群,但不同病种之间无明显差异。

IL-2 主要由 CD4$^+$ 和 CD8$^+$ T 淋巴细胞受到抗原或丝裂原刺激后合成产生,B 细胞、NK 细胞及单核-巨噬细胞也能产生 IL-2。同时,在一定条件下,这些淋巴细胞及单核-巨噬细胞表面均可表达 IL-2 受体(Inter Leukin 2 Receptor, IL-2R),成为 IL-2 作用的靶细胞。

成熟 IL-2 分子是含有 133 个氨基酸残基的糖蛋白,并通过自分泌或旁分泌形式发挥效应。活化的 CD4$^+$ T 淋巴细胞表达 IL-2R,接受 IL-2 诱导后产生大量细胞因子,具有杀伤作用;IL-2 作用于活化的 CD8$^+$ T 细胞可诱导其发挥细胞毒性作用。IL-2 还能刺激进 NK 细胞增殖,增强 NK 细胞杀伤活性,诱导淋巴因子激活的杀伤细胞产生,促进 B 细胞生长分化及分泌抗体,激活巨噬细胞,提高其抗原递呈能力及细胞毒性。

目前,IL-2 作为一种生物反应调节剂已被应用于临床,尤其是在肿瘤治疗方面已取得一定疗效。研究证实,IL-2 与肿瘤细胞表面 IL-2R 结合,可抑制肿瘤细胞生长;能够解除肿瘤浸润淋巴细胞的免疫抑制状态,增强其对肿瘤细胞杀伤活性,肾癌患者外科手术结合小剂量 IL-2 辅助治疗,能改善患者预后,提高生存率。恶性肿瘤患者 IL-2 产生能力及对 IL-2 反应能力下降,血清 IL-2 水平明显低于正常人,可溶性 IL-2R 水平则显著升高,血清 IL-2 水平与临床病理分期关系密切,肿瘤转移及病情恶化程度与 IL-2 产生能力成负相关,与患者年龄、病理类型无明显相关性。

有规律的体育锻炼及传统养生健身气功能够提高机体免疫机能,这已被证实。运动锻炼对于 IL-2 等细胞因子的影响也是近年来免疫学研究的热点之一。Ⅱ型糖尿病患者进行 6 周太极拳运动可明显提高血清 IL-2 含量,降低可溶性 IL-2 水平,稳定和提高机体免疫机能。亚健康人群坚持 3 个月健身气功易筋经锻炼能够明显改善血清 IL-2 偏低状况,但血清 IL-2 水平仍较健康人群明显低下,坚持气功锻炼 6 个月后,血清 IL-2 水平持续提高,与健康人群无明显差异。本研究结果发现,恶性肿瘤患者经过常规治疗后,坚持 12 周自控锻炼,血清 IL-2 水平在实验各个阶段均无明显差异($P>0.05$),但略有升高趋势,可能对于 T 细胞增殖和活化,提高机体抗肿瘤免疫应答在一定意义上有促进作用。机制可能是自控锻炼增加了 CD3$^+$T 淋巴细胞、NK 细胞数量,使其活性相对升高,对于 IL-2 分泌具有促进作用。然而,在 24 周的自控锻炼后,患者血清 IL-2 水平与实验第 0 周差异并不显著,是否与跟踪随访时间不够长有关,有待于进一步跟踪研究。另外,如前所述,受试对象的个体差异、样本量及实验持续期间的气候变化等因素也可能是造成本研究结果的原因之一。

对于不同类型恶性肿瘤患者之间血清 IL-2 水平比较,本研究结果显示,实验第 0 周,肺癌、卵巢癌等其他类型恶性肿瘤患者血清 IL-2 水平分别显著低于消化系统癌($P<0.05$);其他各组间均无显著差异。IL-2 主要来源于活化的 CD4$^+$T 细胞和 CD8+T 细胞,同时又是所有 T 淋巴细胞的生长因子,不同类型肿瘤患者血清 IL-2 水平存在差异,推测肺癌、卵巢癌等恶性肿瘤患者活化的 CD4$^+$T 细胞、CD8$^+$T 细胞数量可能低于消化系统恶性肿瘤患者,提示不同类型肿瘤患者间免疫功能可能存在差异。实验第 12 周和 24 周不同类型患者血清 IL-2 水平的差异消失($P>0.05$),表明,自控锻炼能够降低不同类型患者之间的差异程度。

5.4　结　　论

(1) 24 周自控锻炼对于恶性肿瘤患者血清 β-EP 水平无明显影响。

(2) 24 周自控锻炼对于恶性肿瘤患者血清 IL-2 水平无明显影响。

第6章　恶性肿瘤患者红细胞、淋巴细胞及免疫调节因子各指标间的相关性分析

6.1　材料与方法

受试者来源及研究方法均同第2～5章,统计学处理采用Pearson直线相关分析方法。

6.2　结　果

6.2.1　实验第0周各指标之间相关性分析

本书中各种测试指标均为计量资料,所以用Pearson相关分析对各指标之间相关关系进行描述。表6-1表明,实验前康复期恶性肿瘤患者红细胞CD35与NK细胞成微弱正相关($r=0.336$,$P<0.01$);红细胞CD58与CD3成微弱负相关($r=-0.340$,$P<0.01$);NK细胞与CD3呈中度负相关($r=-0.548$,$P<0.01$);NKT与CD3成中度正相关($r=0.583$,$P<0.01$);红细胞GSH-Px活性与血清IL-2含量成微弱负相关($r=-0.485$,$P<0.01$),与血清β-EP含量成微弱负相关($r=-0.311$,$P<0.05$);血清IL-2与β-EP含量成微弱正相关($r=0.491$,$P<0.01$)。

表6-1　实验第0周各指标间相关分析

指标	E-CD35	E-CD58	NK	NKT	CD3	E-GPx	E-SOD	MDA	IL-2	β-EP
E-CD35	1	0.014	0.336**	-0.169	-0.224	-0.104	0.063	-0.209	-0.029	-0.195
E-CD58		1	0.178	-.065	-.340**	-0.162	-0.014	0.046	0.123	0.069
NK			1	-0.281	-0.548**	0.109	0.117	-0.220	-0.126	0.059
NKT				1	0.583**	-0.147	-0.072	-0.074	0.020	-0.035

续　表

指标	E-CD35	E-CD58	NK	NKT	CD3	E-GPx	E-SOD	MDA	IL-2	β-EP
CD3					1	−0.145	0.037	−0.085	0.061	−0.043
E-GPx						1	−0.199	−0.269	−0.485**	−0.311*
E-SOD							1	−0.020	−0.137	0.199
MDA								1	0.123	0.095
IL_2									1	0.491**
β-EP										1

注：* $P < 0.05$；** $P < 0.01$。

6.2.2　实验第 12 周各指标之间相关性分析

受试者进行 12 周自控锻炼以后，对各指标之间的相关性进行分析，结果发现，红细胞 CD58 与 CD3 之间仍然成微弱负相关关系（$r = -0.370, P < 0.05$）；NKT 与 CD3 仍然成微弱正相关（$r = 0.412, P < 0.01$）；NKT 细胞与 β-EP 成微弱正相关（$r = 0.333, P < 0.05$）；IL-2 与 β-EP 依然成微弱正相关（$r = 0.404, P < 0.05$）；其他各指标之间均无明显相关性见表 6-2。

表 6-2　实验第 12 周各指标间相关性分析

指标	E-CD35	E-CD58	NK	NKT	CD3	E-GPx	E-SOD	MDA	IL_2	β-EP
E-CD35	1	0.130	0.128	−0.186	−0.061	−0.181	−0.101	0.053	−0.143	0.075
E-CD58		1	0.002	−0.244	−0.370*	−0.020	0.286	−0.067	−0.142	0.026
NK			1	−0.092	−0.027	−0.029	−0.037	−0.127	0.310	0.252
NKT				1	0.412**	0.057	−0.053	0.038	0.223	0.333*
CD3					1	−0.021	−0.145	−1.119	−0.119	0.124
E-GPx						1	0.157	0.046	0.088	−0.280
E-SOD							1	0.025	0.235	0.057
MDA								1	0.076	−0.047
IL_2									1	0.404*
β-EP										1

注：* $P < 0.05$；** $P < 0.01$。

6.2.3 实验第 24 周各指标之间相关性分析

表 6 - 3 实验第 24 周各指标间相关性分析

指标	E - CD35	E - CD58	NK	NKT	CD3	E - GPx	E - SOD	MDA	IL_2	β - EP
E - CD35	1	0.526 * *	0.124	−0218	−0.160	−0.039	−0.090	0.043	0.112	0.162
E - CD58		1	0.125	−0.100	−0.258	−0.309	−0.092	0.180	0.103	−0.032
NK			1	−0.296	−0.779 * *	0.221	−0.032	−0.324	0.079	−0.113
NKT				1	0.397 *	−0.087	0.108	−0.110	−0.254	0.385
CD3					1	−0.170	−0.006	0.229	−0.151	−0.141
E - GPx						1	0.068	0.045	0.154	0.264
E - SOD							1	−0.015	0.128	−0.076
MDA								1	−0.069	0.126
IL_2									1	0.188
β - EP										1

注：* $P < 0.05$；* * $P < 0.01$。

受试者进行 24 周自控锻炼后,对各指标之间的相关性分析结果见表 6 - 3,红细胞 CD35 与 CD58 成中度正相关($r = 0.526$, $P < 0.01$);NK 细胞与 CD3 成中度负相关($r = -0.779$, $P < 0.01$);NKT 细胞与 CD3 仍然保持微弱正相关关系($r = 0.397$, $P < 0.05$)。

6.3 分析与讨论

红细胞免疫系统在机体整体免疫功能中表现出的重要作用已被广泛证实。大量文献研究报道,红细胞免疫可参与包括抗肿瘤免疫在内的多因子免疫调控,并且在血液免疫反应路线图中占有主干道地位。成熟红细胞虽然没有细胞核,理论上不能产生新物质,但是红细胞是由核细胞发展而来的,所以,红细胞膜及胞浆存在大量相关免疫分子及抗氧化类物质等,这些生物活性物质均可参与机体相应生理功能;同时,当红细胞受到内外环境刺激时,其本身分子结构可被修饰激活并产生新的功能。红细胞可通过神经-内分泌-免疫网络及其抗氧化功能的发挥参与对机体内环境稳态的调控。此外,红细胞凭借其庞大的数量和广泛的分布,使其易于接触抗原物质,借助于其膜表面免疫相关分子 CD35 对接触抗原发挥免疫黏附功能;通过 CD58 实现对白细胞免疫功能的调节,促进淋巴细胞分泌相关免疫因子如 IL - 2 等,有助于淋巴细胞功能的发挥;红细胞免疫功能的发挥同时也接受红细胞免疫促进因子、红细胞免疫抑制因子、β - EP 等多种物质的调控。这些物质相互影响,相互作用,共同调节机体正常生理功能。

6.3.1　实验第 0 周各指标间相关性分析

有研究报道,正常健康人群红细胞天然免疫黏附肿瘤细胞能力与红细胞 CD35 数量成正相关;而淋巴细胞黏附肿瘤能力与红细胞 CD35 数量无明显相关性。本书结果显示(见表 6 - 1),自控锻炼前康复期恶性肿瘤患者红细胞 CD35 分子与 NK 细胞($CD3^-$ $CD16^+$ $CD56^+$ 分子)成微弱正相关($r=0.336$,$P<0.01$)。提示,肿瘤患者红细胞 CD35 分子表达与 $CD3^-$ $CD16^+$ $CD56^+$ NK 细胞定量之间变化关系密切,红细胞 CD35 分子的高表达可能有利于 $CD3^-$ $CD16^+$ $CD56^+$ NK 细胞的表达,二者相互协调共同促进抗肿瘤效应。然而红细胞 CD58 分子与 $CD3^+$ T 淋巴细胞含量却表现出微弱负相关性($r=-0.340$,$P<0.01$),红细胞 CD58 是 CD2 的天然配体,与 CD2 结合能够促进 T 淋巴细胞抗原提呈细胞(Antigen Presenting Cell,APC)或靶细胞的结合,同时为 T 淋巴细胞活化与增殖提供必要的信号。CD58 与 $CD3^+$ 的负性相关可能提示肿瘤患者存在免疫机能的紊乱。有研究表明,系统性红斑狼疮患者 $CD3^+$ T 淋巴细胞与 $CD3^-$ $CD56^+$ $CD16^-$ NK 细胞成负相关。本阶段相关性分析发现,实验前肿瘤患者外周血 $CD3^+$ 与 $CD3^-$ $CD16^+$ $CD56^+$ NK 细胞呈负相关($r=-0.548,P<0.01$),$CD3^+$ 与 $CD3^+$ $CD16^+$ $CD56^+$ NKT 成中度正相关($r=-0.548,P<0.01$)。$CD3^+$ 代表成熟 T 淋巴细胞的总量,$CD3^-$ $CD16^+$ $CD56^+$ NK 细胞也是淋巴细胞的一个分类,二者之间的负相关关系表明肿瘤患者外周血 $CD3^-$ $CD16^+$ $CD56^+$ NK 细胞的百分含量随着 $CD3^+$ T 淋巴细胞的增加而降低,但是并不代表 $CD3^-$ $CD16^+$ $CD56^+$ NK 细胞的绝对值下降。NKT 细胞是一类重要的免疫调节细胞,既表达 T 淋巴细胞受体(T Cell Receptor,TCR)同时也表达 NK 细胞的激活受体。NKT 被刺激激活后,可产生大量 IL - 4 及 IFN -

γ, NKT 在不同环境下产生不同的细胞因子, 从而调节 Th1/Th2 分化, 产生不同的免疫应答。本研究中 $CD3^+CD16^+CD56^+NKT$ 与 $CD3^+T$ 淋巴细胞成正相关表明肿瘤患者 $CD3^+CD16^+CD56^+NKT$ 细胞百分含量随着成熟 T 淋巴细胞数量的变化而呈现同向变化的趋势。由于 $CD3^+$, $CD3^-CD16^+CD56^+NK$ 细胞、$CD3^+CD16^+CD56^+NKT$ 细胞同属于 T 淋巴细胞的不同亚群, 理论上, 其中一个亚群占 T 淋巴细胞的百分含量的上升必然导致其他细胞亚群相对含量的下降。然而各细胞亚群的相关关系的变化复杂多变, 也可能跟机体的疾病状态有关。本研究阶段相关分析结果提示肿瘤患者在一定程度上可能存在 T 淋巴细胞亚群比例的失调。但是, 由于各免疫细胞亚群之间相互作用的复杂性, 还需要更多样本量更严谨的实验设计进一步深入研究。本研究结果还显示, 红细胞 GSH-Px 活性与血清 $IL-2$, $\beta-EP$ 有微弱负相关关系($r= -0.485$, $P<0.01$; $r=-0.311$, $P<0.05$), 红细胞 GSH-Px 是一种重要的过氧化氢分解酶, 能够使有毒的过氧化氢还原成无毒的羟基化合物, 促进 H_2O_2 的分解, 保护细胞膜结构不受过氧化物干扰和损害, 维持功能的完整性。$IL-2$ 是机体内具有抗肿瘤活性的细胞因子, 血浆 $IL-2$ 水平可反应机体免疫功能状态及 TH1/TH2 细胞比例的变化, 可作为肿瘤病情判断和估计预后的一个参考指标。$\beta-EP$ 既是一类主要发挥抑制性作用的神经递质, 又可通过血细胞表面的 $\beta-EP$ 受体对淋巴细胞增殖、NK 细胞活性及红细胞免疫黏附等功能进行调控, 发挥免疫调节因子作用。理论上红细胞抗氧化功能的提高有助于清除自由基对红细胞膜的破坏作用, 保持红细胞膜结构的完整性, 对于红细胞免疫黏附及免疫调控功能的发挥起到积极作用, 然而研究结果中发现红细胞 GSH-Px 活性与血清 $IL-2$, $\beta-EP$ 微弱负相关, 提示肿瘤患者红细胞抗氧化功能与机体免疫功能可能仍然处于紊乱状态。以上相关关系结果提示, 恶性肿瘤患者可能存在红细胞抗氧化与机体整体免疫机能的紊乱。

6.3.2 实验第 12 周各指标间相关性分析

经过 12 周的自控锻炼, 肿瘤患者各指标间的相关性略有改变, 然而 $CD3^+$ 与红细胞 CD58 依然成微弱负相关性($r=-0.370$, $P<0.05$), 提示, 12 周的自控锻炼对于改善肿瘤患者红细胞 CD58 对 T 淋巴细胞的调节功能无明显影响。

$CD3^+$ 与 $CD3^+CD16^+CD56^+NKT$ 细胞成微弱正相关($r=0.412$，$P<0.01$)，与实验第 0 周比较，二者相关程度略有降低，提示 $CD3^+$ 和 $CD3^+CD16^+CD56^+$ NKT 细胞对 12 周自控锻炼的反应程度存在差异，但并不影响二者之间的相关性，具体机制还需要进一步研究。本阶段相关性分析中还观察到 $CD3^+CD16^+$ $CD56^+NKT$ 与血清 $\beta-EP$ 成微弱正相关($r=0.333$，$P<0.05$)；$\beta-EP$ 对免疫细胞双重调节作用已被大量研究证实，低浓度 $\beta-EP$ 无论对红细胞免疫还是对白细胞免疫具有促进作用，而高浓度 $\beta-EP$ 免疫功能则表现为抑制效应。本书第 4 章内容显示，第 12 周自控锻炼能够使 $CD3^+CD16^+CD56^+NKT$ 细胞相对含量明显提高；第 5 章内容显示，第 12 周自控锻炼使血清 $\beta-EP$ 水平略有升高，这种在一定范围内血清 $\beta-EP$ 水平的升高可能对于提高 $CD3^+CD16^+$ $CD56^+NKT$ 细胞功能具有促进作用，也可能是一种代偿性反应引起的结果：一是恶性肿瘤患者运动应激可能使血清 $\beta-EP$ 有升高趋势，NKT 作为一种免疫细胞同样对运动应激做出同向应答，导致这个实验阶段的数据呈现波动性的相关关系；二是由于肿瘤疾病本身导致机体代谢异常，测试各指标间的相关关系发生改变。我们的研究结果与前人部分研究结果一致，恶性实体肿瘤患者(肺癌、食道癌)$\beta-EP$ 与 $CD3^+$ 和 $CD4^+$ 成正相关性，针刺能够改善 $\beta-EP$ 水平及 T 淋巴细胞免疫功能。晚期胰腺癌患者接受治疗后，伴随着血清 $\beta-EP$ 水平的逐渐提高，T 淋巴细胞亚群 $CD3^+$，$CD4^+$，$CD8^+$ 也有同样的变化趋势。

　　本研究还观察到实验第 12 周时，血清 $IL-2$ 与 $\beta-EP$ 成微弱正相关性($r=0.404$，$P<0.05$)。

　　$\beta-EP$ 与细胞因子之间的关系密切，存在着结构的同源性和功能的交叉性，为实现神经-内分泌-免疫网络调控机体内环境稳定提供了必要的物质基础。林嘉友等研究发现，$\beta-EP$ 作用于单个核细胞上的阿片肽受体，能够促进 PHA 诱导的人外周血单核细胞因子 $IL-2$ 和 $IFN-\gamma mRNA$ 的表达。而在一定条件下，$IL-2$ 和 $IL-1$ 可通过血脑屏障，促进垂体内加压素诱导 $\beta-EP$ 的产生和分泌。在一定浓度范围内，$\beta-EP$ 可促进 $IL-1$ 诱导的小鼠淋巴瘤细胞系 $EL-4$ 产生 $IL-2$，这种促进功能可能是通过增加转录水平或提高 $IL-2mRNA$ 的稳定性而实现的。我们的研究与上述研究结果一致。另外本阶段的研究没有发现其他各指标之间的相关性。

6.3.3 实验第 24 周各指标间相关性分析

实验进行至第 24 周,肿瘤患者各指标间相关性分析结果显示,红细胞 CD35 与 CD58 成明显正相关性($r=0.526$,$P<0.01$),而实验前与实验第 12 周时,这两者之间均无明显相关性。本书第 2 章和第 3 章结果表明,第 24 周的自控锻炼能够明显提高红细胞免疫黏附及其抗氧化功能,提示,随着红细胞抗氧化功能的提高,红细胞遭遇过氧化物等自由基损伤降低,其结构完整性得以维持和提高,有利于红细胞生理功能包括免疫黏附能力的发挥。本阶段研究结果表明,第 24 周自控锻炼可能对于改善肿瘤患者红细胞免疫黏附及免疫调控功能具有积极意义。相关性分析还发现患者外周血 $CD3^- CD16^+ CD56^+ NK$ 细胞与 $CD3^+ T$ 淋巴细胞成明显负相关性($r=-0.779$,$P<0.01$),$CD3^+ CD16^+ CD56^+ NKT$ 细胞与 $CD3^+ T$ 淋巴细胞呈微弱正相关性($r=0.397$,$P<0.05$)。表明 $CD3^+ T$ 淋巴细胞数量的增加可能导致 $CD3^- CD16^+ CD56^+ NK$ 细胞占淋巴细胞百分比下降,但同时也提示其他淋巴细胞亚群如 $CD3^+ CD16^+ CD56^+ NKT$ 等亚群的所占淋巴细胞的比例可能上升。此外,我们没有发现其他各指标相互间存在有相关关系。

6.3.4 实验不同阶段各指标相关性变化分析

对实验不同阶段各指标间相关关系进行综合分析发现,本研究的各阶段中均没有发现红细胞 CD35、$CD3^- CD16^+ CD56^+ NK$ 细胞与血清 β-EP 水平之间具有相关关系。与前人研究结果不完全相同,有研究认为,脑创伤患儿红细胞免疫与血清 β-EP 含量成明显负相关性,随着患儿病情的发展,血清 β-EP 水平升高,红细胞免疫黏附功能下降。慢性应激抑郁大鼠模型血浆 β-EP 水平与红细胞 C3b 受体花环率、红细胞促 T 淋巴细胞和 B 淋巴细胞增殖率成负相关性。然而这些研究测试指标均为红细胞免疫功能的测试,而不是对发挥红细胞免疫功能的物质基础 CD35 相对含量的测定。本书第 5 章结果表明 24 周自控锻炼对血清 β-EP 水平均无明显影响,同时 β-EP 中奇异值的出现,可能也是导致红细胞 CD35、NK 细胞与血清 β-EP 无明显相关性的原因之一。另外有关这方面的研究基本集中于疾病状态下血清 β-EP 与红细胞免疫功能之间的关系,健康人群上述指标之间相关性的文献还很缺乏。而受试者虽然是肿瘤患者,但实验前均是刚刚结束医院常规治疗,生理机能基本接近正常健康人群,第 12 周和 24 周自控锻炼结合综合治疗对于患者血液各指标均有不同程度的改善作用,这是否也是造成我们没有发现上述指标之间无相关性的原因,还有待于更深入的研究证实。

实验各阶段的指标相关性分析还发现,无论是实验第 0 周,还是第 12 周和 24 周,康复期恶性肿瘤患者外周血 $CD3^+$ T 淋巴细胞与 $CD3^+CD16^+CD56^+$ NKT 细胞相对含量均成明显正相关,表明自控锻炼不影响两者之间的相关关系。有关这二者之间相关性研究报道很少,$CD3^+$ 代表的是总成熟 T 淋巴细胞总数,NKT 细胞是近年来发现的另一类淋巴细胞,既表达 T 淋巴细胞受体又表达 NK 细胞受体。本书第 4 章结果显示,随着自控锻炼的长期坚持,患者 $CD3^+$ T 淋巴细胞相对数量缓慢持续升高趋势,同时 $CD3^+CD16^+CD56^+$ NKT 细胞在实验第 12 周就表现出明显升高,并且随着锻炼的持续进行,$CD3^+$ $CD16^+CD56^+$ NKT 细胞能够继续保持这种高水平状态。表明 $CD3^+$ T 淋巴细胞与 $CD3^+CD16^+CD56^+$ NKT 细胞对自控锻炼这种运动形式的反应和适应趋于同向性。二者之间的正相关关系同时表明了 $CD3^+$ T 淋巴细胞与 $CD3^+$ $CD16^+CD56^+$ NKT 细胞百分含量之间的相对稳定性。

6.4　结　　论

(1)恶性肿瘤患者可能存在机体整体免疫功能及抗氧化功能的紊乱。

(2)康复期恶性肿瘤患者外周血 $CD3^+$ T 淋巴细胞与 $CD3^+CD16^+CD56^+$ NKT 细胞相对含量成明显正相关,长期自控锻炼不影响两者之间的正相关关系。

第7章 研究展望

7.1 研究的创新点

(1)本研究选取刚结束手术结合化疗常规治疗后的恶性肿瘤患者为受试对象,以自控锻炼为干预手段,进行24周的跟踪观察,为恶性肿瘤患者进行体育锻炼对机体机能影响的纵向研究提供新思路。

(2)以红细胞免疫及其抗氧化功能对自控锻炼的应答为切入点,探讨长期坚持自控锻炼对恶性肿瘤患者血液免疫反应的影响,国内有关这方面的研究还很缺乏。

(3)对自控锻炼不同阶段不同肿瘤类型患者红细胞免疫黏附分子、T淋巴细胞亚群及血液相关因子进行分析,进一步探讨长期坚持自控锻炼对恶性肿瘤患者整体免疫机能的动态影响,丰富了机体免疫机能在运动干预中变化的资料。

7.2 研究的局限性

(1)影响血液指标测试结果的因素很多,本书所述不同锻炼阶段测试中对于受试对象的日常生活(生活方式、饮食状况)及常规治疗(如处方药、中草药、保健品等)没有进行严格控制,可能对结果产生一定影响。

(2)由于受试对象居住较为分散,不能同时对其锻炼情况进行监控和指导,这样可能会出现个体锻炼持续时间、锻炼强度及锻炼频率的差异,这些因素的交互作用也可能对结果造成误差。

(3)由于经费等原因,缺乏对照组,以至于只对受试对象进行自身纵向比较分析,缺乏与对照组之间的横向比较。

7.3 未来研究展望

体育锻炼作为包括恶性肿瘤在内的慢性疾病患者的康复手段之一,已被越来越多患者所接受,并且国内外相关学者对体育锻炼影响个体生理机能及其机制的研究日益增多并取得一定成果,然而结论不尽相同。本书以常规治疗后康复期恶性肿瘤患者为研究对象,以自控锻炼为手段,进行 24 周跟踪观察,在专门人员指导下进行康复锻炼,通过分子生物技术手段进行其机制理论研究,并获得一定数据。通过总结本研究成果,并进一步思考,我们认为以后相关方面的研究还可以从以下几个方面着手。

(1)本研究因为对照组缺乏,无法进行横向对比,还需要运用循证医学方法,设置具有对照组的纵向跟踪研究,扩大跟踪年限,更深入探讨恶性肿瘤患者康复期通过身体活动获得健康效益。

(2)本研究对象肿瘤类型及肿瘤发生部位各不相同,涉及乳腺癌、胃癌、肠癌、肺癌等。今后研究可以选取某一特定恶性肿瘤类型、或某种特定人群为研究对象,更好地控制实验条件,获取更客观的实验数据。

(3)本研究根据恶性肿瘤患者常用的一种身体活动手段——自控锻炼——为干预手段,今后的研究中可以增加其他类型的康复医疗体育如我国健身气功五禽戏、八段锦、太极拳等我国居民常用的锻炼方法,加以比对。

(4)随着生物-心理-医学模式的发展,人们重视的不仅是疾病的治疗,而更重视的是疾病患者的生存质量,在以后恶性肿瘤康复机制研究中,可以增加心理健康评价及生命质量评价,提高研究结果的价值。

附 录

附录1 中英文缩略词

英文缩写	英文全称	中文全称
RBC	Red blood cell/erythrocyte	红细胞
CD35/CR1	Complement receptor type Ⅰ	CD35/Ⅰ型补体受体
IC	Immune complex	免疫复合物
CD58/LFA-3	Lymphocyte function associated antigen-3	CD58/淋巴细胞相关抗原3
EDTA	Ethylenediaminetetra-acetic acid	乙二胺四乙酸
LAK	Lymphokine-activated killer cells	淋巴因子激活的杀伤细胞
ADCC	Antibody-dependent cell-mediated cytotoxicity	抗体依赖的细胞介导的细胞病毒作用
EMT	Epithelial-mesenehymal transition	上皮-间质转化
ROS	Reactive oxygen species	活性氧
TGF-β1	Transforming growth factorβ1	转化生长因子-β1
AT Ⅱ	Angiotensin Ⅱ	血管紧张素-Ⅱ
FGF-2	Fibroblast growth factor-2	纤维生长因子-2
SOD	Superoxide dismutase	超氧化物歧化酶
E-SOD	Erythrocyte superoxide dismutase	红细胞超氧化物歧化酶
GSH-Px	Glutathione peroxidase	谷胱甘肽过氧化物酶
CAT	Catalase	过氧化氢酶
MDA	Malondialdehyde	丙二醛
NK	Nature killer cell	自然杀伤细胞
NKT	Nature killer T cell	自然杀伤T细胞
TCR	T cell receptor	T细胞识别抗原受体

续 表

英文缩写	英文全称	中文全称
MHC	Major histocompatibility complex	主要组织相容性复合体
α‑GalCer	α‑galactosyceramide	α‑半乳糖神经酰胺
DC	Dendritic cell	树突状细胞
IFN‑γ	Interferon‑γ	干扰素‑γ
iNKT	Invariant CD1d‑restricted natural killer	稳定性 CD1 限制性 NKT 细胞
β‑endorphin/ ‑END	β‑endorphin	β‑内啡肽
IL‑2	Interleukino‑2	白细胞介素‑2
ELISA	enzyme‑linked immunosorbent assay	酶联免疫法测定
POMC	proopiomelancortin	前体促阿黑皮素原
IL‑2R	Interleukin 2 receptor	白细胞介素‑2 受体
ACTH	Adreno‑cortico‑tropic‑hormone	促肾上腺皮质激素
APC	Antigen presenting cell	抗原提呈细胞
mtDNA	Mitochodrial DNA	线粒体 DNA
MAPK	Mitogen‑activated protein kinases	促分裂原活化蛋白激酶

附录 2　血液检查项目和正常值参考

1. 红细胞计数(Red Blood Cell,RBC)

(1)正常参考值：

男：$4.0 \times 10^{12} \sim 5.3 \times 10^{12}$ 个/L；

女：$3.5 \times 10^{12} \sim 5.0 \times 10^{12}$ 个/L；

儿童：$4.0 \times 10^{12} \sim 5.3 \times 10^{12}$ 个/L。

(2)临床意义：红细胞减少多见于各种贫血，如急性、慢性再生障碍性贫血、缺铁性贫血等；红细胞增多常见于身体缺氧、血液浓缩、真性红细胞增多症和肺气肿等。

2.血红蛋白测定(Haemoglobin，Hb)

(1)正常参考值：

男：120～160g/L;

女：110～150g/L;

儿童：120～140g/L。

(2)临床意义：血红蛋白减少多见于各种贫血,如急性、慢性再生障碍性贫血和缺铁性贫血等。

血红蛋白增多常见于身体缺氧、血液浓缩、真性红细胞增多症和肺气肿等。

3.白细胞计数(White Blood Cell，WBC)

(1)正常参考值：

成人：$4×10^9$～$10×10^9$ 个/L;

儿童：$5×10^9$～$12×10^9$ 个/L;

新生儿：$15×10^9$～$20×10^9$ 个/L。

(2)临床意义：生理性白细胞增高多见于剧烈运动、进食后、妊娠和新生儿。另外采血部位不同,也可使白细胞计数有差异,如耳垂血比手指血的白细胞数平均要高一些。

病理性白细胞增高多见于急性化脓性感染、尿毒症、白血病、组织损伤和急性出血等。

病理性白细胞减少再生障碍性贫血、某些传染病、肝硬化、脾功能亢进和放疗化疗等。

4.白细胞分类计数(Differential Classitication of Leukocyte Counting，DC)

(1)正常参考值：

中性粒细胞：秆状核 $0.01×10^9$～$0.05×10^9$（1%～5%);

中性分叶核粒细胞：$0.50×10^9$～$0.70×10^9$（50%～70%);

嗜酸性粒细胞：$0.005×10^9$～$0.05×10^9$（0.5%～5%);

嗜碱性粒细胞：0～$0.01×10^9$（0%～1%);

淋巴细胞：$0.20×10^9$～$0.40×10^9$（20%～40%);

单核细胞：$0.03×10^9$～$0.08×10^9$（3%～8%)。

　　(2)临床意义:中性杆状核粒细胞增高见于急性化脓性感染、大出血、严重组织损伤、慢性粒细胞膜性白血病及安眠药中毒等。

　　中性分叶核粒细胞减少多见于某些传染病、再生障碍性贫血和粒细胞缺乏症等。

　　嗜酸性粒细胞增多见于牛皮癣、天疱疮、湿疹、支气管哮喘和食物过敏,一些血液病及肿瘤,如慢性粒细胞性白血病、鼻咽癌、肺癌以及宫颈癌等。

　　嗜酸性粒细胞减少见于伤寒、副伤寒早期和长期使用肾上腺皮质激素后。

　　嗜碱性粒细胞增多见于慢性粒细胞白血病、骨髓纤维化症、慢性溶血及脾切除手术后。

　　嗜碱性粒细胞减少常见于Ⅰ型超敏反应如荨麻疹、过敏性休克等,促肾上腺皮质激素及糖皮质激素过量;甲亢;应激反应如心肌梗塞、严重感染、出血等。

　　淋巴细胞增高见于传染性淋巴细胞增多症、结核病、疟疾、慢性淋巴细胞白血病、百日咳和某些病毒感染等。

　　淋巴细胞减少常见于淋巴细胞破坏过多,如长期化疗、X射线照射后及免疫缺陷病等。

　　单核细胞增高常见于单核细胞白血病、结核病活动期和疟疾等。

参 考 文 献

[1] 曹雪涛. 免疫学前沿进展[M]. 北京：人民卫生出版社，36 - 37.

[2] 陈不尤，郁玮玮，赵洪瑜. 放射治疗对恶性肿瘤患者 T 淋巴细胞亚群影响的研究[J]. 南通医学院学报，2000，20(3)：247 - 248.

[3] 陈佩杰，孙凤华. NK 细胞及其与运动的关系[J]. 沈阳体育学院学报，2003,3(1)：5 - 9.

[4] 陈慰峰. 医学免疫学[M]. 3 版. 北京：人民卫生出版社，147 - 159.

[5] 陈晓琳，戴勇，李富荣，等. 恶性肿瘤患者 T 细胞及 NK 细胞功能研究及临床医院[J]. 中国现代医学杂志，2002，12(2)：41 - 43.

[6] 程金莲. 针刺对不同应激源所致免疫功能失调影响的机制研究[D]. 北京中医药大学，2001：13 - 17.

[7] 邓树勋，王健，乔德才. 运动生理学[M]. 2 版. 北京：高等教育出版社，2009：109.

[8] 丁志祥，张乐之，郭峰. 肝癌患者红细胞 CD35,CD44s 和 CD58 分子的检测及临床意义[J]. 2006，11(1)：62 - 63.

[9] 董矜，田亚平，高艳红，等. 运动所致淋巴细胞亚群与免疫分子表达变化的研究[J]. 南方医科大学学报，2010，30(10)：2277 - 2280.

[10] 范霞，姜拥军，王亚男，等. 中国中北地区成年人外周血自然杀伤细胞和自然杀伤 T 细胞绝对计数研究[J]. 中国现代医学杂志，2007，17(1)：24 - 27.

[11] 房波，李彦平，李树人. 早期肿瘤患者体内 P -物质、β-内啡肽水平的观察[J]. 河北医药. 2001，23(10)：773 - 774.

[12] 付尚志. 肿瘤患者红细胞免疫功能的变化[J]. 中国肿瘤临床与康复，2002，9(6)：128 - 129.

[13] 付迎辉，阎嘉茵，杜晓光. 乳腺癌患者血清 TNF,IL - 2,IL - 6 检测[J]. 郑州大学学报，2002，37(2)：215 - 216.

[14] 关素珍. 慢性应激抑郁大鼠红细胞免疫功能、T 淋巴细胞亚群变化及其

相关性研究[J]. 新疆医科大学学报，2009.

[15] 郭峰，查占山，花美仙，等. 癌抗原激活红细胞调控白细胞 CXCR4 分子表达与意义[J]. 肿瘤学杂志，2006，12(5)：400 - 402.

[16] 郭峰，黄盛东，郝丽，等. 红细胞中肿瘤免疫反应中的作用. 中华微生物学和免疫学杂志，1995，15(3)：183 - 187.

[17] 郭峰，卢培恩，王海滨，等. 新鲜血对癌细胞快速自然免疫反应的发现与实验方法的创建[J]. 深圳中西医结合杂志，1999，9(5)：7 - 11.

[18] 郭峰，钱宝华，花美仙，等. 肿瘤患者红细胞天然免疫分子 CD35、CD59 相关性研究[J]. 中国免疫学杂志，2004，20(2)：136 - 137.

[19] 郭峰，钱宝华，张乐之. 现代红细胞免疫学[M]. 上海：第二军医大学出版社，2002，6：21 - 23.

[20] 郭峰，张俊洁，赵书平，等. 肿瘤患者红细胞 CR1 基因组密度多态性的变化[J]. 中华微生物学和免疫学杂志，1998，18(4)：282 - 285.

[21] 郭峰，张乐之，钱宝华，等. 肿瘤患者红细胞天然免疫分子 CD35 和趋化因子受体的变化[J]. 解放军医学杂志，2002，27(11)：179 - 180.

[22] 郭峰，张乐之，许育，等. 原发性肝癌患者红细胞免疫分子 CR1 活性和循环免疫复合物的变化[J]. 第二军医大学学报，2004，25(7)：810 - 811.

[23] 郭峰. 构建现代系统免疫学新的实验研究体系[J]，解放军医学杂志，2006，31(2)：89 - 91.

[24] 郭峰. 红细胞天然免疫与获得性免疫[J]. 自然杂志，2004，26(4)：194 - 199.

[25] 郭峰. 血液免疫反应路线图[J]. 深圳中西医结合杂志，2005，15(1)：1 - 4.

[26] 郭峰. 血液免疫反应路线图理论[J]. 肿瘤学杂志，2005，11(3)：157 - 158.

[27] 郭晓清，何玉林，王清峰. CD2 和 CD58 在宫颈癌组织中的表达及临床意义[J]. 细胞与分子免疫学杂志，2007，23(5)：445 - 446.

[28] 韩济生，关新民. 医用神经生物学[M]. 武汉：武汉出版社，1995. 181 -

191.

[29] 何卫龙，黄玉山. 红细胞免疫黏附对运动的应答[J]. 体育科学，2004. 24(4)：34－37.

[30] 胡金川. 红细胞免疫及其临床应用研究进展[J]. 国际检验医学杂志，2008，29(7)：621－622.

[31] 胡永仙. T及NK细胞ζ链与恶性肿瘤的研究进展[J]. 国外医学:肿瘤学分册，2004，31(11)：803－806.

[32] 黄南洁，刘绍曾. 有氧锻炼对弱智学生红细胞免疫黏附功能的影响. 中国运动医学杂志，2000，19(1)：97－98.

[33] 蒋鹏. 健身气功易筋经改变亚健康人群免疫功能的影响和机理研究[D]. 南京中医药大学，2009:10－15.

[34] 雷红霞，钱宝华，花美仙，等. 不同恶性肿瘤患者红细胞免疫黏附功能变化的初步研究[J]. 深圳中西医结合杂志，2007，17(5)：309－340.

[35] 李红武，陈佩杰，许锋鹏. 长时间不同负荷运动对大鼠神经内分泌免疫功能的影响[J]. 上海体育学院学报，2002，26(1)：38－41.

[36] 李艳，赵永杰，姚敏捷，等. 红细胞免疫与抗氧化对老年人呼吸道疾病患者的影响[J]. 第四军医大学吉林军医学院学报，2002，24(3)：130－132.

[37] 李志阳，王金龙，杨波. 肿瘤患者外周血淋巴细胞绝对值的变化及意义[J]. 实用医学杂志，2008，24(22)：3957－3958.

[38] 廖晓，田文彦. 运动员红细胞免疫功能初探. 成都体育学院学报，1994，20(2)：89－91.

[39] 林嘉友，沈雅芳，高扬，等. β-内啡肽增强人外周血单个核细胞IL－2和IFN－γmRNA的表达[J]. 中国医学科学员学报，1997，19(5)：353－356.

[40] 刘聪敏. 恶性肿瘤病人外周血免疫指标的流式细胞仪检测及免疫治疗前后免疫功能变化的研究[D]. 青岛大学病理学与病理生理学，2005：8－16.

[41] 刘静，陈佩杰，邱丕相. 长期太极拳运动对中老年女性NKT细胞的影

响[J].中国运动医学杂志，2007，26(6)：738-739.

[42] 刘淑慧，张航.多年太极拳锻炼对人体外周血 T 淋巴细胞亚群及 NK 细胞影响的研究[J].中国体育科技，2002，38(4)：50-52.

[43] 刘险峰.红细胞膜表面分子与红细胞免疫[J].国外医学免疫学分册，2004，27(4)：221-224.

[44] 罗琳，张缨.高住高练低训对足球运动员红细胞 CD35 数量及活性变化的影响[J].中国运动医学杂志，2006，25(4)：395-398.

[45] 罗庆峰，花美仙，钱宝华，等.正常人红细胞天然免疫活性与 CD35 分子定量的相关性研究[J].深圳中西医结合杂志，2002，(6)：350-351.

[46] 马庆海，索翠萍，孙涛.肝脏疾病患者红细胞免疫功能变化的临床研究[J].医学检验与临床，2007，18(6)：74-76.

[47] 马中伟.卵巢癌患者化疗前后血清 IL-2，SIL-2R，TNF-α 检测的临床意义[J].放射免疫学杂志，2005，18(1)：34-36.

[48] 齐敦禹，李兴海，王耀光，等.太极拳运动对 II 型糖尿病患者免疫机能影响的研究[J].北京体育大学学报，2008，31(7)：932-934.

[49] 邱大鹏，邱双健，吴志全，等.NKT 细胞在肝癌组织中的分布状况与肝癌局部免疫的研究[J].中国临床医学，2004，11(4)：567-569.

[50] 沈征，钱凯先，张曙云.长期长跑运动对老年人超氧化物歧化酶和过氧化脂质的影响[J].中国老年学杂志，2004，24(11)：1024-1025.

[51] 世界卫生组织.关于身体活动有益健康的全球建议[M].日内瓦：世界卫生组织，2010.

[52] 孙林，文江涛，刘海红.乳腺癌患者外周血 T 淋巴细胞及 NK 细胞的检测及其临床意义[J].现代肿瘤医学，2006，14(9)：1069-1071.

[53] 孙小华，丁仁瑞，华明.长跑锻炼对老年人 PBMC 产生 IL-2 能力和对外源 IL-2 的反应性的影响[J].中国康复，1990，5(2)：73-75.

[54] 孙志扬，过宗南，郭峰.β-内啡肽对正常人红细胞免疫功能的调控实验研究[J].上海免疫学杂志，1994，14(4)：199-191.

[55] 唐婕.运动过程中激素对免疫机能的影响[J].上海体育科研，2003，24(4)：56-59.

[56] 唐双阳，李乐，陈熙，等. 运动对慢性疲劳综合征小鼠 NK 细胞活性和 IL - 2 水平的影响[J]. 南华大学学报：医学版，2008，36(1)：12 - 14.

[57] 陶占泉，陈佩杰，段子才，等. 5 周递增负荷训练过程中机体运动能力和免疫细胞数量的变化[J]. 中国运动医学杂志，2007，26(1)：81 - 83.

[58] 童华，赵歌. 运动与红细胞膜研究进展[J]. 武汉体育学院学报，2004，38(2)：57 - 62.

[59] 涂人顺，陈仁波，黄林英，等. 传统健身方法(六字诀)对绝经期后女性内分泌水平的影响[J]. 世界中西医结合杂志，2010，5(10)：866 - 867.

[60] 汪继兵. 自控锻炼对癌症长期生存者的健康状况及生活质量影响的研究[D]. 上海体育学院，2010：40 - 44.

[61] 王凤妹，杨翼，Park JY. 有氧运动和气功对老年女性免疫功能的影响[J]. 武汉体育学院学报，2006，40(7)：47 - 50.

[62] 王公平，冯笑山，周博. 贲门癌组织中 CD3T 细胞的数量与临床病理指标间的关系[J]. 医学研究杂志，2009，38(5)：66 - 69.

[63] 王海滨，高永升，叶元芬，等. 肿瘤患者红细胞 CR1 分子数量及基因多态性的变化[J]. 中国免疫学杂志，2001，17(7)：382 - 383.

[64] 王晓红，白淑平，郭莉. 肿瘤患者红细胞免疫功能的临床研究[J]. 中国卫生检验杂志，2006，16(12)：1525.

[65] 吴滨，周荣兴，周鸣声，等. 针刺治疗恶性肿瘤患者细胞免疫调节的影响[J]. 中国中西医结合杂志，1996，16(3)：139 - 141.

[66] 吴平，陈捷，何慧娟，等. 食管癌患者 TH1/TH2 细胞因子检测的临床意义[J]. 江西医学检验，2004，22(2)：100 - 102.

[67] 徐建林，徐珞，陶尚敏，等. 气功对慢性病病人血浆 β-内啡肽水平的影响[J]. 青岛医学院，1998，34(2)：125 - 126.

[68] 徐培权，王凤超，李同度. 大肠癌患者红细胞免疫的变化及其与氧自由基的相关性[J]. 实用全科医学，2005，3(4)：289 - 290.

[69] 杨新平. IL - 2 治疗肾癌临床研究[D]. 吉林大学，2008：11 - 14.

[70] 尹剑春，孙开宏，童昭岗，等. 运动训练对心理应激大鼠血清皮质酮、白细胞介素 2 和肿瘤坏死因子 α 的影响[J]. 天津体育学院学报，2005，

20(2):27-30.

[71] 于冰,孙治君,沈洪彦.乳腺癌中IL-2、IL-4表达与化疗药物敏感性关系的研究[J].重庆医科大学学报,2008,33(7):835-838.

[72] 袁正平.郭林气功的传承与发展[EB/OL].[2010-9-10].http://www.shcrc.cn/XXLR1.

[73] 翟瑄,夏昨中,梁平,等.脑创伤患儿红细胞免疫功能的变化[J].实用儿科临床杂志,2007,22(20):1589-1590.

[74] 张丹辉,商九香,马云宝,等.卵巢癌患者手术前后血清IL-2,TGF-α,TNF-α和TSGF测定的临床意义[J].放射免疫学杂志,2006,19(6):459-461.

[75] 张昊翔,钱宝华,郭峰.恶性肿瘤患者血小板、红细胞黏附分子CD35,CD44,CD62的表达与肿瘤转移的关系[J].实用医学杂志,2008,24(18):3153-3155.

[76] 张健.大肠癌患者围手术期CD3+T细胞与NK细胞的改变[J].贵州医药,2007,31(12):1082-1084.

[77] 张利朝,张盈华,陈渝宁,等.健康人运动前后红细胞免疫功能与细胞数的变化及关系[J].细胞与分子免疫学杂志,2001,17(2):197.

[78] 张梅,丘跟全,夏天.脾虚患者直至过氧化和红细胞免疫功能的研究[J].安徽中医学院学报,2001,20(2):43-44.

[79] 张赟,韩卫宁,贾卫等.IL-2,IL-15对NK细胞亚群表型和功能的调节作用[J].免疫学杂志,2004,20(1):6-9.

[80] 赵继峰.郭林气功抗癌机理的探讨[R].中国医学气功学会2007年研讨会论文集[C].2007:94-95

[81] 赵燕,王玉,王纯.亚健康与辅助T淋巴细胞亚群TH1/HT2漂移及运动的干预作用[J].2009,11(6):401-404.

[82] 曾利明.世界癌症研究基金会:中国每年62万例癌症可预防[EB/OL].[2011-2-9].http://www.zsr.cc/ExpertHome/StudyDatum/201102/558534.html.

[83] 朱立华,王建中.中国人血液淋巴细胞免疫表型参考值调查[J].中华

医学检验杂志，1998,21(4)：223 - 226.

[84] 朱荣，张缨，蔡爱洁. 高住高练低训对足球运动员红细胞 CD58、CD59 和 T 淋巴细胞 CD2 表达的影响[J]. 中国运动医学杂志，2006，25(3)：320 - 323.

[85] Ablaka C, Al - Awadi F, Al - sayer H, et al. Activities of erythrocyte antioxidant enzymes in cancer patients[J]. J Clin Lab Anal, 2002, 16(4)：167 - 171.

[86] Abood L G, Atkinson H G, Macneil M. Stereospecific opiate binding in human erythrocyte membranes and changes in heroid addicts[J]. J Immonol, 1976, 2(5 - 6)：427 - 431.

[87] Abramson J L, Vaccarino V. Relationship between physical activity and inflammation among apparently healthy middle - aged and oleder US adults [J]. Arch Intern Med, 2002, 162(11)：1286 - 1292.

[88] Aguiar A S, Tuon T, Albuquerque M M, et al. The exercise redox paradigm in the Down's syndrime improvements in motor function and increases in blood oxidative status in young adults[J]. J Neural Transm, 2008, 115(12)：1643 - 1650.

[89] Alipour M, Mohammadi M, Zarghama N, et al. Influence of chronic exercise on red cell antioxidant defense, plasma malondialdehyde and total antioxidant capacity in hypercholesterolemic rabbits[J]. J sports Sci Med, 2006, 5(7)：682 - 691.

[90] Ambrosino E, Terabe M, Halder, R C, et al. Cross - regulation between type I and type II NKT cells in regulating tumor immunity：a new immunoregulatory axis[J]. J Immuol, 2007,179(8)：5126 - 5136.

[91] Aorica - Sarafinovska Z, Eken A, Matevska N, et al. Increased oxidative/ nitrosative stress and decreased antioxidant enzyme activities in prostate cancer[J]. Clin. Biochem, 2009, 42(12)：1228 - 1235.

[92] Arosa F A, Periva C F, Fonesca A M. Red blood cells as modulators of T cell growth and survival[J]. Curr Pharm Des, 2004, 10(2)：191 - 201.

[93] Atalay M, Laaksonen D E. Diabetes oxidative stress and physical exercise [J]. J Sports Sci & Med, 2002, 1(4):1-14.

[94] Aydin A, Arsova - Sarafinovska Z, Sayal A, et al. Oxidative stress and antioxidant status in non - metastatic prostate cancer and benign prostatic hyperplasia[J]. Clin. Biochem, 2006, 39(2): 176-179.

[95] Balakrishnan S D, Anuradha C V. Exercise, depletion of antioxidants and antioxidant manipulation[J]. Cell Biochem Funct, 1998, 16(4):269-275.

[96] Beckman K B, Ames B N. Oxidative decay of DNA[J]. J. Biol. Chem, 1997, 272(32): 19 633-19 636.

[97] Behrend L, Henderson G, Zwacka R M. Reactive oxygen species in oncogenic transformation [J]. Biochem Soc Trans, 2003, 31 (Pt 6): 1441-1444.

[98] Bessler H, Sztein M B, Serrate S A. β - endorphin modulation of IL - 1 - induced IL - 2 production[J]. Immunopharmacology, 1990, 19(1): 5-14.

[99] Billaud M, Rousset F, Calender A, et al. Low expression of lymphocyte function - associated antigen (LFA)- 1 and LFA - 3 adhesion molecules is a common trait in Burkitt's lymphoma associated with and not associated with Epstein - Barr virus[J]. Blood, 1990, 75(9):1827-1833.

[100] Boonstra J, Post J A. Molecular events associated with reactive oxygen species and cell cycle progression in mammalian cells[J]. Gene, 2004, 337 (4): 1-13.

[101] Carlson L E, Speca M, Patel K D, et al. Mindfulness - based stress reduction in relation to quatlity of life, mood, symptoms of stress, and immune parameters in breast and prostate cancer outpatients [J]. Psychosom Med, 2003, 65(4): 571-581.

[102] Ceriello A. Oxidative stress and diabetes - associated complications[J]. Endocrine Practice, 2006. 12(1): S60-62.

[103] Chiarugi P. PTPs versus PTKs: The redox side of the coin[J]. Free radicRes, 2005, 39(4): 353-364.

［104］ Clarkson P M, Thompson H S. Antioxidants: what role do they play in physical activity and health? ［J］. Am J Clin Nutr, 2000, 72(2 suppl): 637s - 646s.

［105］ Colt E W D. The effect of running on plasmaβ - endorphin［J］. Life Sci, 1981,28(14):1637 - 1640.

［106］ Cooke M S, Evans M D, Dizdaroglu, M, et al. Oxidative DNA damage: mechanisms, mutation, and disease［J］. FASEB J, 2003, 17 (10): 1195 -1214.

［107］ Couzin J. Cancer: T cells a boon for colon cancer prognosis［J］. Science, 2006, 313(5795): 1868 - 1869.

［108］ Currie M S, Vala M, Pisetsky D S, et al. Correlation between erythrocyte CR1 reduction and blood proteinase markers in patients with malignant and inflammatory disorders［J］. Blood, 1990, 75(8):1699 - 1704.

［109］ Deaton C H M, Marlin D J. Exercise - associated oxidative stress［J］. Clin Tech Equine Prac, 2003, 2(3): 278 - 291.

［110］ De - Rossi G, Zarcone D, Mauro F, et al. Adhesion molecule expression on B - cell chronic lymphocytic leukemia cells: malignant cell phenotypes define distinct disease subsets［J］. Blood, 1993, 81(10): 2679 - 2687.

［111］ Dizdaroglu M, Jaruga P, Birincioglu M, et al. Free radical - induced damage to DNA: mechanism and measurement［J］. Free Rad. Biol. Med, 2002, 32(11): 1102 - 1115.

［112］ Drevs J, Medinger M, Schmidt - Gersbach C, et al. Receptor tyrosine kinases: the main targets for new anticancer therapy［J］. Curr. Drug Target, 2003, 4(2): 113 - 121.

［113］ Drouin J S, Young T J, Beeler J, et al. Random control clinical trial on the effects of aerobic exercise training on erythrocyte levels during radiation treatment for breast cancer ［J］. 2006, 107(10):2490 - 2495.

［114］ Elosua R, Molina L, Fito M, et al. Response of oxidative stress biomarkers to a 16 - week aerobic physical activity program, and to acute physical activity, in healthy young men and women[J]. Atherosclerosis, 2003, 167(2):327 - 334.

[115] Ennezat P V, Malendowicz S L, Testa M, et al. Physical training in patients with chronic heart failure enhances the expression of genes encoding antioxidative enzymes[I]. J Am. Coll Cardiol, 2001, 38(1): 194 -198.

[116] Fisher - Wellman K, Bloomer R J. Acute exercise and oxidative stress: a 30 year history [J]. Dynamic Medicine, 2009,13(8):1 - 13.

[117] Galon J, Costes A, Sanchez - Cabo F, et al. Type, density, and location of immune cells within human colorectal tumors predict clinical outcome[J]. Science, 2006, 313(5785): 1960 - 1964.

[118] Galvao D A, Nosaka K, Taaffe D R, et al. Endocrine and immune responses to resistance training in prostate cancer patients[J]. Prostate cancer and prostate disease, 2008,11(2):160 - 165.

[119] Giordano F J. Oxygen, oxidative stress, hypoxia, and heart failure[J]. J Clin Invest, 2005,115(3): 500 - 508.

[120] Global health risks: mortality and burden of disease attributable to selected major risks[J]. Geneva, World Health Organization, 2009.

[121] Gomez - Cabrera M C, Borras C, Pallardo F V, et al. Decreasing xanthine oxidase - mediated oxidative stress prevents useful cellular adaptations to exercise in rats[J]. J. Physiol, 2005, 567(1):113 - 120.

[122] Gomez - Cabrera M C, Martinez A, Santangelo G, et al. Oxidative stress in marathon runners: interest of antioxidant supplementation[J]. Br. J. Nutr, 2006, 96(1 Suppl): 31s - 33s.

[123] Gourlay, C W, Ayscough K R. The actin cytoskeleton: a key regulator of apoptosis and aging? [J]. Nature Reviews. Molecular Cell Biology, 205, 6(7): 583 - 589.

[124] Gupta A, Bhatt M L B, Miara M K. Lipid peroxidation and antioxidant status in head and neck squamous cell carcinoma patients[J]. Oxid Med

Cell Longev, 2009, 2(2): 68 - 72.

[125] Hayakawa Y, Takeda K, Yagita H, et al. Differential regulation of Th1 and Th2 function of NKT cells by CD28 and CD40 costimulatory pathways [J]. J Immunol, 2001, 166(10):6012 - 6018.

[126] Hess C, Schifferli J A. Immune adherence revisited: novel players in an old game[J]. News Physiol Sci, 2003, 18(3):104 - 108.

[127] Hollander J, Fiebig R, Gore M, et al. Superoxide dismutase gene expression in skeletal muscle: fiber - specific adaptation to endurance trainin[J]. Am. J. Physiol, 1999, 277(3 Pt): R856 - 862.

[128] Hollander J, Fiebiq R, Gore M, et al. Superoxide dismutase gene expression is activated by a single bout of exercise in rat skeletal muscle [J]. Pflugers Arch, 2001, 442(3): 426 - 434.

[129] Hu Q, Chia M, Schmidt G, et al. Effects of training status and different treadmill exercises on the activity of complement receptor type 1 of erythrocytes [J]. Biol. Sport, 2008, 25(4):321 - 338.

[130] Hulmi, J J, Myllymaki T, Tenhumaki M, et al. Effects of resistance exercise and protein ingestion on blood leukocytes and platelets in young and older men[J]. Eur J Appl Physiol, 2010. 109(2): 343 - 353.

[131] Imai K, Matsuyama S, Miyake S, et al. Natural cytotoxic activity of peripheral - blood lymphocytes and cancer incidence: an 11 - year follow - up study of ageneral population[J]. Lancet, 2000, 356 (9244): 1795 - 1799.

[132] Inoue M, Sato E F, Nishikawa M, et al. Mitochondrial generation of reactive oxygen species and its role in aerobic life[J]. Curr, Med. Chem, 2003, 10(23):2495 - 2505.

[133] Ishikawa A, Motohashi S, Ishikawa E, et al. A phase I study of α - galactosylceramide(KRN7000) - pulsed dendritic cells in patients with advanced and recurrent non - small cell lung cancer[J]. Clin Cancer Res, 2005,11(5): 1910 - 1917.

[134] Ishikawa K, Takenaga K, Akimoto M, et al. ROS – generating mitochondrial DAN mutations can regulate tumor cell metastasis [J]. Science, 2008, 320(5876): 661 – 664.

[135] Ji L L, Gomez – Cabrera M C, Vina J. Exercise and hormesis[J]. Ann N Y Acad Sci, 2006, 1067(1): 425 – 435.

[136] JI L L. Antioxidant enzymes response to exercise and aging[J]. Med Sci Sports exerc, 1993, 25(2): 225 – 231.

[137] Karolkiewicz J, Michalak E, Pospieszna B, et al. Response of oxidative stress markers and antioxidant parameters to an 8 – week aerobic physical activity program in healthy, postmenopausal women[J]. Arch Gerontol Geriatr, 2009, 49(1):67 – 71.

[138] Kasai H, Iwamoto – Tanaka N, Miyamoto T, et al. Lifestyle and urinary 8 – hydroxydeoxyguanosine, a marker of oxidative DNA damage: Effects exercise, working conditions, meat intake, body mass index, and smoking [J]. Jpn, J. Cancer Res, 2001, 92(1):9 – 15.

[139] Kefaloyianni E, Gaitanaki C, Beis I. ERK1/2 and p38 – MAPKsignaling pathways, through MSK1, are involved in NF – kappaB transactivation during oxidative stress in skeletal myoblasts[J]. Cell Signal, 2006, 18(2): 2238 – 2251.

[140] Kenna T, Golden – Mason L, Porcelli S A, et al. NKT cells from normal and tumor – bearing human livers are phenotypically and functionally distinct from nurine NKT cells [J]. J Immunol, 2003, 171 (4): 1775 –1779.

[141] Kim E S, Khuri F R, Herbst R S. Epidermal growth factor receptor biology(IMC – C225)[J]. Curr. Opinion Oncol. 2001, 13(6):506 – 513.

[142] Kim K S, Paik I Y, Woo J H. The effect of training type on oxidative DNA damage and antioxidant capacity during three – dimensional space exercise [J]. Med Princ Pract, 2010, 19(2): 133 – 141.

[143] Knez W L, Jenkins D G, Coombes J S. Oxidative stress in half and full

ironman triathletes[J]. Med Sci Sports Exerc, 2007,39(2): 283 - 288.

[144] Koehl M, Meerlo P, Gonzales D, et al. Exercise - induced promotion of hippocampal cell proliferation requires beta - endorphin[J]. FASEB J., 2008, 22(7): 2253 - 2262.

[145] Koizumi K, Kimura F, Akimoto T, et al. Effects of long - term exercise training on peripheral lymphocyte subsets in elderly subjects[J]. Jpn. J. Phys. Fitness Sports Med. , 2003, 52(4):193 - 202.

[146] Kostka T, Drai J, Berthouze S E, et al. Physical activity, aerobic capacity and selected markers of oxidative stress and the anti - oxidant defence system in healthy active elderly men[J]. Clin Physiol, 2000, 20(3): 185 - 190.

[147] Kramer H F, Goodyear L J. Exercise, MAPK, and NF - κBsignaling in skeletal muscle[J]. J Appl. Physiol, 2007, 103(1): 388 - 395.

[148] Laatikainen L E, Castellone M D, Hebrant A, et al. Extracellular superoxide dismutase is a thyroid differentiation marker down - regulated in cancer[J]. Endocr relat cancer, 2010, 17(3): 785 - 796.

[149] Leonar S S, Bower J J, Shi X. Metal - induced toxicity, carcinogenesis, mechanisms and cellular responses[J]. Mol. Cell. Biochem, 2004, 255 (1): 3 - 10.

[150] Lewis J W, Shavit Y, Terman G W, et al. Apparent involvement of opioid peptides in stress - induced enhancement of tumor growth [J]. Peptiteds, 1983, 4(5): 635 - 638.

[151] Liotta, L A, Kohn, E C. The microenvironment of the tumor - host interface.[J]. Nature, 2001, 411(6835): 375 - 379.

[152] Lissni P, Brivio F, Ferranle R, et al. Circulating immature and mature dendritic cells in relation to lymphocyte subsets in patients with gastrointestinal tract cancer[J]. Int J Biol Markers, 2000, 15(1): 22 - 25.

[153] Lopez R D, Waller E K, Lu P H, et al. CD58/(LAF - 3) and IL - 12 provided by activated monocytes are critical in the vitro expansion of CD56

+ T cells[J]. Cancer Immunol Immunother, 2001, 49(12):629 - 640.

[154] Mahapute H H, Shete S U, Bera T K. Effect of yogic exercise on super oxide dismutase levels in diabetics[J]. Int. J, Yoga, 2008, 1(1):21 - 25.

[155] Mantovani G, Mulas Maccio A, Madeddu C, et al. Quantitative evaluation of oxidative stress, chronic inflammatory indice and leptin in cancer patients: Correlation with stage and performance status[J]. Int J Cancer, 2001, 98(1): 84 - 91.

[156] Marnett L J, Riggins J N, West J D. Endogenous generation of reactive oxidants and electrophiles and their reactions with DNA and protein[J]. J Clin Ivest, 2003, 111(5):583 - 593.

[157] Marzatico F, Pansarasa O, Bertorelli L, et al. Blood free radical antioxidant enzymes and lipid peroxides following long - distance and lactacidemic performances in highly trained aerobic and sprint athletes[J]. J Sports Med Phys Fitness, 1997, 37(4): 235 - 239.

[158] Mates J M, Perez - Gomez C, Nunez de Castro I. Antioxidant enzymes and human diseases[J]. Clin Biochem, 1999, 32(8): 595 - 603.

[159] Mitchell J B, Paquet A J, Pizza X, et al. The effect of moderate aerobic training on lymphocyte proliferation[J]. Int J Sports Med, 1996, 17(5): 384 - 389.

[160] Moffarts B D, Portier K, Kirschvink N, et al. Effects of exercise and oral antioxidant supplementation enriched in (n - 3) fatty acids on blood oxidant markers and erythrocyte membrane fluidity in horses[J]. Vet J, 2007, 174 (1): 113 - 121.

[161] Molling J W, Kolgen W, van der Vliet H J J, et al. Peripheral blood IFN - γ - secreting Vα24 + Vβ11 + NKT cell numbers are decreased in cancer patients independent of tumor type or tumor load[J]. Int J Cancer, 2005, 116(1):87 - 93.

[162] Molling J W, Langius J A E, Langendijk J A, et al. Low levels of circulating invariant natural killer T cells predict poor clinical ooutcome in

patients with head and neck squamous cell carcinoma[J]. J Clin Oncol, 2007, 25(7): 862 - 868.

[163] Momila de C, Davel A P C, Rossoni L V, et al. Exercise training improves relaxation response and SOD - 1 expression in aortic and mesenteric rings from high caloric diet - fed rats[J]. BMC Physiol, 2008, 8(1):12 - 19.

[164] Monnier J F, Benhaddad - aissa A, Micallef J P, et al. Relationships between blood viscosity and insulin - like growth factor status in athletes [J]. Clin Hemoreheol Microcire, 2000, 22(4):277 - 286.

[165] Munford R S, Pugin J. The crucial role of systemic responses in the innate (non - adaptive) host defense [J]. J Endotorin Des, 2001, 7(4): 327 -332.

[166] Na Y M, Kim M Y, Kim Y K, et al. Exercise therapy effect on natural killer cell cytotoxic activity in stomach cancer patients after curative surgery [J]. Arch Phys Med Rehabil, 2000, 81(6): 777 - 779.

[167] Nakatani K, Komatsu M, Kato T, et al. Habitual exercise induced resistance to oxidative stress[J]. Free Radic Res, 2005,39(9):905 - 911.

[168] Natale V M, Brenner I K, Moldoveanu A I, et al. Effects of three different types of exercise on blood leukocyte count during and following exercise [J]. Sao Paulo Med J, 2003, 12(1): 9 - 14.

[169] Niedowicz D M, Daleke D L. The role of oxidative stress in diabetic complications [J]. Cell Biochemistry and Biophysics, 2005, 43(2): 289 -330.

[170] Nieman D C. Regular moderate exercise boosts immunity[J]. Agrofood industryhi - tech, 2008, 19(3):8 - 10.

[171] Ogonovszky H, Berkes I, Kumagai S, et al. The effects of moderate -, strenuous - and over - training on oxidative stress markers, DNArepair, and memory, in rat brain[J]. Neurochem Int, 2005, 46(8):635 - 640.

[172] Opara E. Oxidative stress [J]. Disease - a - Month, 2006, 52(5): 183 -198.

［173］ Ordonez F J, Rosety M, Rosety - Rodriguez M. Regular exercise did not modify significantly superoxide dismutase activity in adolescents with Down's syndrome[J]. Br J Sports Med, 2006, 40(8): 717 - 718.

［174］ Ordonez F J, Rosety M, Rosety - Rodriguez M. Regular Physical Activity Increases Glutathione Peroxidase Activity in Adolescents With Down Syndrome[J]. Clin. J Sport Med, 2006, 16(4): 355 - 356.

［175］ Otani H. Reactive oxygen species as mediators of signal transduction in sichemic preconditioning[J]. Antioxidants and Redox Signalling, 2004, 6 (2): 449 - 469.

［176］ Pasupathi P, Saravanan G, Chinnaswamy P, et al. Effect of chronic smoking on lipid peroxidation and antioxidant status in gastric carcinoma patients [J]. Indian J Gastroenterol, 2009, 28(2): 65 - 67.

［177］ Patel J B, Shah F D, Shukla S N, et al. Role of nitric oxide and antioxidant enzymes in the pathogenesis of oral cancer[J]. J Cancer, 2009, 5(4): 247 -253.

［178］ Pedersen B K, Hoffman - Goetz L. Exercise and immune system: regulation, integration, and adaptation[J]. Physiol Rev, 2000, 80(3): 1055 - 1081.

［179］ Pedersen B K, Saltin B. Evidence for prescribing exercise as therapy in chronic diease[J]. Scand J Med Sci Sports, 2006, 16(1 Suppl):3 - 63.

［180］ Poli G, Leonarduzzi G, Biasi F, et al. Oxidative stress and cell signalling [J]. Current Medicinal Chemistry, 2004, 11(9): 1163 - 1182.

［181］ Radak Z, Chung H Y, Koltai E, et al. Exercise, oxidative stress and hormesis [J]. Aging Res Rev, 2008, 7(1):34 - 42.

［182］ Rafnar B, Traustadottir K, Sigfusson A, et al. An enzyme based assay for the measurement of complement mediated binding of immune complexes to red blood cells[J]. J Immund Methods, 1998, 211(1):171 - 181.

［183］ Rogers, C J, Colbert L H, Greiner J W, et al. Physical activity and cancer prevention: pathways and targets for intervention[J]. Sports Med, 2008,

38(4):271-296.

[184] Romano F, Cesana G, Berselli M, et al. Biological, histological, and clinical impact of preoperative IL-2 administration in radically operable gastric cancer patients[J]. J Surg Oncol, 2004, 88(4):240-247.

[185] Rush J W, Sandiford S D. Plasma glutathione peroxidase in healthy young adults: influence of gender and physica activity[J]. Clin Biochem, 2003, 36(5): 345-351.

[186] Santos-Silva A, Rehelo M I, Castro E M, et al. Leukocyte activation, erythrocyte damage, lipid profile and oxidative stress imposed by high competition physical exercise in adolescents[J]. Clin Chim Acta, 2001, 306(1-2): 119-126.

[187] Schirren C A, V olpel H, Meuer S C. Adhesion molecules on freshly recovered Tleukemias promote tumor-directed lympholysis[J]. Blood, 1992, 79(1): 138-143.

[188] Schneidher C M, Dennhy C A, Carter S D. Exercise and cancer recovery [M]. Champaign: Human Kinetics Publisher, 2003: 159-183.

[189] Senthil K, Aranganathan S, Nalini N. Evidence of oxidative stress in the circulation of ovarian cancer patients[J]. Clinica Chimica Acta, 2004, 339 (1-2): 27-32.

[190] Shin Y A, Lee J H, Song S, et al. Exercise training improves the antioxidant enzyme activity with no changes of telomere length[J]. Mech Ageing devel, 2008, 129(5): 254-260.

[191] Siems W G, Sommerburg O, Grune T. Erythrocyte free radical and energy metabolism[J]. Clin Nephrol, 2000, 53(1): S9-17.

[192] Sikora J, Dworaeki G, Trybus M, et al. Correlation between DNA content, expression of tumor cells and immunophenoltype of lymphocytes from malignant pleural effusions[J]. Tumor Biol, 1998, 19(3):196-204.

[193] Smith L L, Overtraining, excessive exercise, and altered immunity: is this a T helper-1 versus T helper-2 lymphocyte response? [J]. Sports Med,

2003, 33(5): 347 - 364.

[194] Smyth M J, Godfrey D I. NKT cells and tumor immunity - a double - edged sword[J]. Nat. Immunol, 2000,1(6):459 - 460.

[195] Storz P. Reactive oxygen species in tumor progression[J]. Frot. Biosci, 2005, 1(10): 1881 - 1896.

[196] Taniguchi M, Seino K, Nakayama T. The NKT cell system: bridging innate and acquired immunity [J]. Nat Immunol, 2003, 4 (12): 1164 -1165.

[197] Tauler P, Aguilo A, Gimeno I, et al. Response of blood cell antioxidant enzyme defences to antioxidant diet supplementation and to intense exercise [J]. Eur J Nutr, 2006, 45(4): 187 - 195.

[198] Terabe M, Berzofsky A B. NKT cells in immunoregulation of tumor immunity: a new immunoregulatory axis[J]. Trends Immunol, 2007, 28 (11): 491 - 496.

[199] Terabe M, Matsui S, Noben - Trauth N, et al. NKT cell - mediated repression of tumor immunosurvellance by IL - 13 and the IL - 4R - STAT 6 pathwany[J]. Nat Immunol, 2000, 1(6):515 - 520.

[200] Thomas S, Reading J, Shhard RJ. Revision of the physical activity readiness questionair (PAR - Q)[J]. Can J. Sport Sci, 1992, 17(4): 338 -345.

[201] Thomsen B S, Radgaard A, Tvede N, et al. Levels of complement receptor type one(CR1, CD35) on erythrocytes, circulating immune complexes and complement C3 split products C3d and C3c are not changed by short - term physical exercise or trainin[J]. Int J Sports Med, 1992, 13(2): 172 - 175.

[202] Toskuikao C, Glinsukon T. Endurance exercise and muscle damage: relationship to lipid peroxidation and scavenging enzymes in short and long distance runners [J]. Jpn J Phys Fitness Sports Med, 1996, 45 (1): 63 -70.

[203] Tsuda H, Sakai M, Michimata T, et al. Characterization of NKT cells in

human peripheral blood and decidual lymphocytes[J]. American Journal of Reproductive Immunology, 2001, 45(5): 295 – 302.

[204] Tvede N, Steensberg J, Baslund B, et al. Cellular immunity in highly trained elite racing cyclists during periods of training with high and low intensity[J]. Scand J Med Sci Sports, 1991, 1(3):163 – 166.

[205] Valko M, Rhodes C J, Moncol J, et al. Free radicals, metals and antioxidants in oxidative stress – induced cancer[J]. Chemico – Biological Interactions, 2006, 160(1): 1 – 40

[206] Vallejo M C. The immune system in the oxidative stress conditions of aging and hypertension: favorable effects of antioxidants and physical exercise [J]. Antioxid Redox Signal, 2005,7(9 – 10): 1356 – 1366.

[207] Wang R W, Zhu W M, Yuan Z P, et al. Social support for physical activity in cancer survivorship: a survey study[R]. Med Sci sport Exerc, 2010, 42 (5 Suppl): 42 – 43.

[208] Wang T, Tian F Z, Cai Z H, et al. Ultrasonic interventional analgesia in pancreatic carcinoma with chemical destruction of celiac ganglion [J]. World J Gastroenterol, 2006, 12(20): 3288 – 3291.

[209] Wannamethee S G, Lowe G D, Whincup P H, et al. Physical activity and hemostatic and imflammatory variables in elderly men[J]. Circulation, 2002, 105(15):1785 – 1790.

[210] Weydert C J, Waugh T A, Ritchie J M, et al. Overe – xpression of manganese or copper – zinc superoxide dismutase inhibits breast cancer growth[J]. Free Rad Biol. Med, 2006, 41(2):226 – 237.

[211] Yannelli J R, Thurman G B, Mrowca – Bastin A, et al. Enhancement of human lymphokine – activated killer cell cytolysis and a method for increasing lymphokine – activated killer cell yields to cancer patients[J]. Cancer Res, 1988, 48(20): 5696 – 5700.

[212] Yeh S H, Chuang H, Lin L W. Regular tai chi chuan exercise enhances functional mobility and CD4CA25 regulatory T cell[J]. Br. J Sports Med,

2006，40(3):239 - 243.

[213] Yoneda K，Morii T，Nieda M，et al. The peripheral blood Vα24$^+$NKT cell numbers decrease in patients with haematopoietic malignancy[J]. Leuk Rev，2005，29(2):147 - 152.

[214] Zawadzak - Bartczak E. Activities of red blood cell anti - oxidative enzymes (SOD，GPx) and total anti - oxidative capacity of serum(TAS) in men with coronaty atherosclerosis and in healthy pilots[J]. Med Sci MONIT，2005，11(9):CR440 - 444.

[215] Zhu W M，Wang R W，Yuan Z P，et al. Guo - lin qinggong exercise for cancer care practice: a preliminary report[R]. Med Sci sport Exerc，2010，42(5 Suppl):42.